未来の進化論
わたしたちはどこへいくのか

更科　功

ワニブックス
|PLUS|新書

はじめに

昔のことだが、知り合いと飲んでいたときに、進化のことが話題になった。私が「進化は進歩じゃないからさ」みたいなことを言うと、彼はこう答えた。

「俺はそういうのは好かん。やっぱり進化は進歩でなくちゃいかんよ」

彼はそう言うけれど、残念なことに、実際の生物の進化は進歩ではない。とはいえ、私は、この意見にも一理あると思う。

ダーウィンの『種の起源』が出版されたのは1859年だが、それより15年前の1844年に、ロバート・チェンバーズ（1802〜1871）が『創造の自然史の痕跡』を出版している。その本の中で、チェンバーズは、生物は進歩していくと述べている。

ハーバート・スペンサー（1820〜1903）も、『種の起源』が出版される前から進化論を主張していた。そして、1862年の著書である『第一原理』で、「進化」

を意味する「エボリューション（evolution）」という言葉を使い始めた。進化の意味で「エボリューション」を使ったのはスペンサーが初めてではないけれど、彼が使ったことで「エボリューション」は広く普及した。スペンサーもチェンバーズと同様に、生物は進歩していくと考えており、その進歩を「エボリューション」と呼んだのである。

このように、進化を進歩と考えた人はたくさんいた。おそらく現在でも、たくさんいる。きっと、それには理由があるはずだ。これらの人たちは、どうして進化を進歩と考えるのだろうか。

理由はいくつかあるだろうが、その一つは、進化の一部は「進歩」と呼んでも差し支えない現象だからだろう。

鳥の祖先は飛べなかった。それから飛べるように進化したけれど、初期の鳥は飛ぶのが上手くなかった。しかし、現在の鳥の中には飛ぶのが上手なものもいる。こういう進化は「進歩」と呼んでよいだろう。

ただし、現在の鳥の中には、昔はうまく飛べたのに、飛ぶのが下手になったものもいる。まったく飛べなくなったものもいる。つまり「退歩」したものもいる。だから、鳥全体の進化を「進歩」と呼ぶのは適切ではない。

また、一羽の鳥の体の中にも、「進歩」した部分と「退歩」した部分が混在している。北米に棲むオオミチバシリは、飛ぶのは下手になったけれど、走るのは上手になった。だから、オオミチバシリの進化を「進歩」と呼ぶこともできないし、「退歩」と呼ぶこともできない。

また、同じ現象であっても、場合によって「進歩」になったり「退歩」になったりする。グンカンドリは海鳥だが、泳ぐことはほとんどなく、たいてい飛びながら魚を捕る。そのため、グンカンドリの足の水かきは、アヒルなどの水かきより小さくなっている。だから、もしも水かきが大きくなるような進化が起きたら、泳ぐためには「進歩」だが、飛ぶためには「退歩」だろう。

このように、進化はかならずしも「進歩」ではないけれど、先に述べたように、一部の進化は「進歩」と呼べないこともない。そうであれば、一部の進化については、未来を予測できるかもしれない。進化の方向がまったく決まっていなければ、何も予想できないけれど、もしも大まかな方向が「進歩」と決まっていれば、少しは予想できる可能性があるからだ。もしも、それが難しくても、少なくとも予想できる可能性自体を検討することぐらいなら、できるだろう。

そんなことを考えながら、筆を進めさせていただいたのが本書である。それでは検討を始めてみよう。

目次

第2章　恐竜人間の進化……49

第3章　感染症とヒトの未来 …… 83

第5章　人類の未来 ………… 171

第1章　進化は繰り返すか

金星の恐竜

私が子供のころに読んだＳＦ（空想科学小説）に、人間が金星に行く話があった。金星には巨大な恐竜がいて、そこで手に汗を握るいろいろな冒険が始まるのだ。しかし、いくらＳＦとはいえ、どうして金星に恐竜がいたのだろう。

じつは、金星に恐竜がいるというのは突飛な発想ではなく、私は子供のころに、何回かそういう話を読んだり聞いたりしたことがあった（もちろん現実の話ではなく、ＳＦのような空想の話としてだが）。金星に恐竜がいるという発想には、それなりの（ＳＦなりの）理由があったのである。

仮に、あなたが手にボールを持っているとしよう。そして、そのボールを床に落としたとする。手から離れた瞬間の、ボールの速さはゼロである。しかし落ちていくにつれて、だんだんボールは速くなる。落ちていくボールには、運動エネルギーがあるが、速くなるにつれて、どんどん運動エネルギーは大きくなっていく。ところが、床に衝突すると、突然ボールは止まる（ボールは床で弾まないとする）。つまり、突然運動エネルギーがゼロになる。運動エネルギーはゼロになるけれど、エネルギー自体はなくならない。ほとんどの運動エネルギーは熱エネルギーに変化して、床やボールを少し熱くするのである（他に、音を出したりボールを変形させたりするエネルギーに変化するものもある）。

つまり、ボールが床に衝突して止まると、ボールと床は熱くなるのである。これは大きな目で見れば、ボールが地球と衝突して合体したということだ。２つの物体が衝突して合体すると、温度が上がるのである。

さて、話を戻そう。

金星や地球は、最初からこんなに大きかったわけではない。宇宙に漂う小さな物体が重力で集まって、だんだんと大きくなったのである。小さな塵や、小石や、微惑星などが衝突して、そして合体して、こんなに大きくなったのだ。そして衝突・合体のたびに、金星や地球は熱くなっていった。そして、ついに表面が数千度に達し、岩石が溶けてマグマになった。できたばかりの金星や地球は、マグマオーシャンに覆われた超高温の惑星だったのである。

もちろん、このころの金星や地球に、生物はいない。生物が誕生したのは、金星や地球が冷えてからだろう。微惑星などがほぼ衝突し尽くして、金星や地球がだいたい今の大きさになると、熱が少しずつ宇宙空間に逃げていく。そして金星や地球は冷え始めた。

ところが、金星は地球より太陽に近いため、地球よりもたくさんの熱を太陽から受け取っている。そのため、地球よりも冷えるのが遅くなる（ちなみに、ここまでの話は正しい）。もし1億年ぐらい遅れたとすると、金星に生物が生まれたのは、地球よりも1億年ぐらい後になる。1億年ぐらい遅れて、生物の進化がスタートしたのであれば、現在の金星の進化段階は、地球の1億年ぐらい前の進化段階だろう。1億年前といえば、地球に恐竜がいた時代である。そのため、現在の金星には、恐竜がいるという発想が出てきたのである。

それにしても金星に恐竜がいるなんて、なんとも荒唐無稽な発想である。でも、よく考えてみると……本当にそうだろうか。この発想は、ただのたわ言だろうか。

たしかに現在の知見では、金星の地表は温度が約460度もあり、とても恐竜などの生物が棲める環境ではないことがわかっている。だから、金星に恐竜がいるという話は、あくまでSFの中の話である。しかし、それでもこの話には、注目すべき発想が一つある。それは、生物の進化の道筋は決まっているという発想だ。もし同じような条件で生物を進化させたら、生物は同じ道を辿って進化していくという考えだ。これが、荒唐無稽な考えかどうかについて、少し検討してみよう。

酒に強い遺伝子

私たちヒトは、およそ2万個の遺伝子を持っている。

遺伝子はDNAの一部であり、私たちはDNAを父親と母親から受け継ぐ。父親から受け継いだDNAには遺伝子が約2万個含まれており、母親から受け継いだDNAにも遺伝子が約2万個含まれている。だから、私たちは約4万個の遺伝子を持っていることになるが、ふつう、私たちが持っている遺伝子は約2万個と言われる。それは、父親から受け継いだ遺伝子と母親から受け継いだ遺伝子が、ほぼ同じものだからだ。

父親あるいは母親から受け継いだDNA全体をゲノムと言う。だから、私たちはゲノムを2組持っている。そして、それぞれのゲノムの中に、遺伝子が約2万個含まれている。2つのゲノムはほとんど同じなので、中に含まれている遺伝子もほとんど同じである。したがって、私たちはほとんど同じ遺伝子を2つずつ持っていることになる。

しかし、ほとんど同じとはいえ、中には少し違うものもある。そういう遺伝子のことを、対立遺伝子と呼ぶこともある。

たとえば、*ALDH2*（アルデヒド脱水素酵素2というタンパク質の遺伝子）は、お酒に強いか弱いかに関係する遺伝子だ。アルコールの強弱に関係する遺伝子はたくさんあるが、その中で*ALDH2*はもっとも有名な遺伝子である。*ALDH2*には、何通りかの対立遺伝子があるが、その中の一組を*A*と*a*と表そう。*A*はアルコールに弱くなる遺伝子で、*a*はアルコールに強くなる遺伝子だ。

私たちは*ALDH2*を2つずつ持っている。その対立遺伝子の組み合わせ（遺伝子型という）は、*AA*と*Aa*と*aa*の3通りになる。そして、*AA*と*Aa*の人はお酒に弱く、*aa*の人はお酒に強い。さきほど述べたように*A*はアルコールに弱くなる遺伝子で、*a*はアルコールに強くなる遺伝子だが、*Aa*の場合は*A*の働きの方が強く現れて、アルコールに弱くなるのである(ただし実際には、AaはAAより少しアルコールに強くなる)。

Aは形質に現れやすいので顕性遺伝子（かつては優性遺伝子と呼ばれることが多かった）と呼ばれ、aは形質に現れにくいので潜性遺伝子（かつては劣性遺伝子と呼ばれることが多かった）と呼ばれる。

ここで、男性と女性が50人ずつ、合わせて100人の集団を考えよう。もし遺伝子Aとaの割合が2：8で、交配がランダムに起きていれば、遺伝子型がAAの人の割合は0・2×0・2＝0・04、つまり全体が100人なら4人になる。いっぽう、遺伝子型がAaの人は0・2×0・8＋0・8×0・2＝0・32、つまり32人で、遺伝子型がaaの人は0・8×0・8＝0・64、つまり64人になる。アルコールに弱い人が4＋32＝36人、アルコールに強い人が64人ということだ。

この集団内で、全員がランダムに結婚して、それぞれの夫婦が子供を2人ずつ産むとする。これなら次の世代の人数も100人で変わらない。このとき、次の世代の遺伝子や遺伝子型の割合はどうなるだろうか。計算は省略するが、この場合は（平均的に考えれば）次の世代になっても遺伝子や遺伝子型の割合は変化しないのである。

このように、世代を超えても対立遺伝子の頻度も遺伝子型の頻度も変わらない状態を、ハーディ・ヴァインベルク平衡という。そして、ハーディ・ヴァインベルク平衡が成り立つことを数学的に示したものを、ハーディ・ヴァインベルクの定理という。

これは、イギリスの数学者、ゴッドフレイ・ハロルド・ハーディ（1877〜1947）とドイツの医師、ヴィルヘルム・ヴァインベルク（1862〜1937）によって、独立に同じ年（1908年）に発見された定理だ。そして、このハーディ・ヴァインベルクの定理は、進化のメカニズムを考えるときに、とても重要な定理である。

生物が進化するメカニズムは4つしかない

生物の進化とは「遺伝する形質が世代を超えて変化すること」である。これは、イギリスの進化生物学者であるチャールズ・ダーウィン（1809〜1882）が提案した考えで、それから、進化の定義として広く使われている（実際のダーウィンの表現は少し違うのだが、内容的にはこういうことだ）。

進化とは、世代を超えて変化していくことだ。ただ変化すれば、何でもかんでも進化というわけではない。子供に遺伝する形質が変化した場合だけが、進化なのである。筋力トレーニングで増強した筋肉は、子供には遺伝しない。こういう遺伝しない形質の変化は、世代を超えない変化なので、進化ではないということだ。

さて、ハーディ・ヴァインベルク平衡が成り立つとは、どういうことだろうか。それは、子供の世代になっても、遺伝子が変化しないということだった。遺伝子が変化しなければ「遺伝する形質が世代を超えて変化しない」ことになる。つまり、ハーディ・ヴァインベルク平衡が成り立っていれば、生物は進化しないのである。

厳密に言うと、ハーディ・ヴァインベルク平衡が成り立つのは、次の4つの条件がそろったときである。

1. 集団の大きさが無限大であること。
2. 対立遺伝子の間に生存率や繁殖率の差がないこと。
3. 個体の移入や移出がないこと。

4．突然変異が起こらないこと。

この4つの条件が一つでも破られれば、ハーディ・ヴァインベルク平衡は成立しない。ということは、生物は進化する。つまり、この4つの条件を破るメカニズムが、そのまま進化のメカニズムになるのである。

したがって、進化のメカニズムは、大きく分ければ4つになる。進化のメカニズムとしてもっとも有名な自然淘汰は、2．の条件を破るメカニズムである。

ところで、自然淘汰は誤解されやすい言葉である。自然淘汰というと、生物同士が闘って勝った方が生き残るという残酷なイメージを持たれやすい。でも、自然淘汰の本質は、そういうことではない。

生物は、大人になるまで生き延びられる数より、多くの子を産む。しかし、それらの子が、すべて天寿を全うするわけにはいかない。たとえゾウのように、産まれる子の数が比較的少ない動物であっても、産まれた子がすべて大人まで成長して子を持てば、1万年もしないうちに地球はゾウだらけになってしまう。

つまり地球には、産まれた子をすべて養うだけの力はないのだ。残念なことに、地球には定員があるのである。だから、定員を超過した子が産まれると、何らかの方法で死ななくてはならない。ダーウィンは、この超過分の個体が死ぬプロセスをひっくるめて、生存闘争という言葉で表現している。別の言葉で言えば、生存闘争とは生物が生きようとすることであり、自然淘汰とは、その結果、死ぬ個体と生き残る個体に分かれるということだ。

東京に住んでいたA氏は、温かい家族に手厚い看病を受けたにもかかわらず、亡くなってしまった。一方、大阪に住んでいて、A氏とは赤の他人であるB氏は、温かい家族に手厚い看病を受けたおかげで病気が治り、元気になった。ではなぜ、A氏は亡くなり、B氏は生き残ったのだろうか。

もちろん、いろいろな理由が考えられる。まったくの偶然かもしれない。しかし、A氏よりもB氏の方が、何か生き残りやすいものを持っていた可能性は高いだろう。たとえば、B氏の方がA氏より心臓が少し強かったなら、心臓が強くなるように自然淘汰が働いたことになる。

A氏とB氏は2人とも温かい家族の愛に包まれていたけれど、そしてお互いにまったく面識がなかったけれど、それでも2人は生存闘争をしていたし、その結果、2人には自然淘汰が働いたのである。

さて、それでは最初に戻って、金星に恐竜がいるという話で生じた疑問について、少し考えてみよう。生物は同じ道を通って進化していくのかどうかを、まずは自然淘汰を手掛かりに検討してみよう。

ダメな男を好きになる

グッピーはもっとも有名な熱帯魚の一つである。和名はニジメダカと言い、色も形も華やかな魚である。とはいえ、華やかなのはオスのグッピーだけで、メスはそれほどでもない。グッピーのメスは華やかなオスを好むので、華やかなオスほど子供をたくさん残すことができる。そのため、華やかなオスが増えてきたのだろう。

精子と卵の受精する数が異なることによって起きる自然淘汰を、性淘汰という。グッピーのように、異性に対する好みによってある形質が進化するのは、典型的な性淘汰である。

グッピーのメスがなぜ華やかなオスを好むのかは、よくわからない。華やかなオスは地味なオスよりも捕食者に見つかりやすいので、生きていく上では不利なはずだ。不利なオスを選ぶようなメスが、どうして進化したのだろうか。

グッピーの棲んでいる熱帯雨林には、オレンジ色など華やかな色の果物が多い。そして、こういう果物は、しばしば渓流に落ちてくる。そのとき、華やかな色を好むグッピーは、真っ先に果物に近づいて、たくさん食べることができる。したがって、華やかな色を好むグッピーは、食べることに関しては有利になる。

そして、華やかな色の果物を好むグッピーのメスは、華やかな色のオスも好む傾向がある（これは実験によって確かめられている）。つまり、華やかな色を好むグッピーは、「食べること」に関しては有利だが、「オス選び」に関しては不利なのだ。それとは反対に、華やかな色を好まないグッピーは、「食べること」に関しては不利だが、「オス選び」に関しては有利になる。

総合的に考えたときに、どちらのグッピーが有利になるかは、ケース・バイ・ケースだろう。もしも「食べること」に関する利益が、「オス選び」に関する損失を上回れば、華やかなオスが進化するはずだ。だから、食べるものが少なくて、落ちてくる果実を食べるか食べないかが死活問題となっている場合などは、華やかなオスが進化するはずだ。

生きていく上で不利なオスを選ぶメスが、なぜ進化したかについては、いくつかの可能性がある。ここで紹介したのはその一つに過ぎないが、ともあれ、生きていく上で不利なオスを選ぶメスが進化することは、十分にあり得るのだ。

相関関係と因果関係

グッピーは観賞用の熱帯魚として、世界中で広く飼育されているが、もちろん野生のグッピーもいる。カリブ海に浮かぶトリニダード島も、野生のグッピーの生息地の一つである。トリニダード島には熱帯雨林があり、そこを流れる渓流にグッピーが棲んでいるのだ。

トリニダード島北部の山地にも渓流がいくつもあり、その渓流のところどころに滝がある。たいていは数メートルの小さな滝だが、それでも渓流に棲む多くの魚にとっては越えられない障壁だ。しかし、一部の魚はこの障壁を越えたらしく、滝の上流にも少しは魚が棲んでいる。グッピーもその一つである。グッピーは非常に浅い水たまりでも泳げるので、雨季のあいだに地面にできる一時的な水路や水たまりを泳いで、滝の上流に達したのかもしれない。

カナダ生まれの進化生物学者、ジョン・エンドラー（１９４７〜）は、このグッピーの進化について、いくつもの有名な研究を行った。その一つを簡単に紹介しよう。

滝の上流と下流のグッピーを観察すると、明らかな違いがある。上流のグッピーのオスは華やかで、下流のグッピーのオスは地味なのだ。また、滝の上流と下流におけるグッピーの捕食者（グッピーを食べる魚）の数にも違いがある。滝の上流には捕食者が少なく、下流には多いのだ。つまり、「グッピーのオスの華やかさ」と「捕食者の少なさ」の間には、相関関係がある。それはなぜだろうか。

華やかなグッピーは捕食者に見つかりやすいだろう。だから、捕食者が多ければ、華やかなグッピーは減るはずだ。いっぽう、捕食者が少なければ、華やかなグッピーはそれほど減らないだろう。むしろメスに好まれる影響の方が強く効いてきて、華やかなグッピーの数は増えるかもしれない。このように、捕食者の数とグッピーのオスの華やかさの間には、因果関係があると考えるのが自然である。

でも、少し慎重になろう。相関関係があるからといって、因果関係があると決めつけてはいけない。2つの数の間に相関関係がある場合、考えられる可能性は4通りあるからだ。

1つ目は、一方が他方の原因となっている場合だ。この場合は比較的わかりやすいが、どちらが原因になっているかには気をつけなくてはいけない。たとえば、交番が多いほど犯罪が少ない場合は、交番が多いことが原因で、犯罪が少ないことが結果と考えられる。交番が犯罪の抑止力になっているわけだ。しかし、交番が多いほど犯罪が多い場合は、因果関係が逆の可能性がある。犯罪が多い地域に交番をたくさん作ったのかもしれない。

2つ目は、両者が共通の原因を持つ場合だ。たとえば、チョコレートの消費量が多い国に、ノーベル賞の受賞者が多いという話がある。それは、国家の経済が豊かなことが、チョコレートとノーベル賞の両方の原因になっていると解釈される。

3つ目は、両者の間には何の関係もなく、たまたま相関関係が現れてしまった場合だ。音楽のCDが売れると、サバの漁獲量が増えるといった話は、こういうケースだろう。じつは、こういう偶然による相関関係は意外と多いので、注意しなくてはいけない。

4つ目は、不適切な方法のために、必然的に相関関係が現れてしまった場合だ。たとえば、大学の入学試験を受けた受験者について、一次試験と二次試験の点数を調べると、両者の間には相関関係があることがふつうである。一次試験がよくできた人は、二次試験もよくできる傾向があるわけだ。

しかし、受験者ではなく合格者について、一次試験と二次試験の点数を調べると、逆の相関関係が現れることがある。一次試験の点数が低い人が二次試験の点数が高くて、一次試験の点数が高い人が二次試験の点数が低い傾向が現れることがあるのだ。これは、ぎりぎりで合格した人が多い場合に現れやすい疑似相関だ。大学の合否が、一次試験と二次試験の合計点で決まるとしよう。そのとき、ギリギリで合格した人について考えれば、一次試験の点数が低いほど二次試験の点数が高くて、一次試験の点数が高いほど二次試験の点数が低くなるはずだ。つまり、一次試験と二次試験の点数は、負の相関を示してしまう。したがって、合格者全体の中で、合格ラインに近い点数を取った人が多いと、合格者全体も負の相関を示してしまうことがあるのだ。

さて、グッピーの場合はどうだろうか。

捕食者の少ない滝の上流ではグッピーのオスは華やかで、捕食者の多い滝の下流ではグッピーのオスは地味である。ここには、捕食者の数が原因で、グッピーのオスの体色が結果となるような、因果関係があると予想されるけれど、今一つ自信がない。この因果関係を、実験で検証することはできるだろうか。

進化の向きは予測できる

エンドラーは2つの実験を行った。1つ目は、人工的な環境での実験だ。アメリカのプリンストン大学の温室の中に1~2メートルぐらいの池をいくつか作り、そこにグッピーと捕食者、あるいはグッピーだけを放したのである。

2つ目は、自然界での実験だ。トリニダード島の渓流の中で、グッピーのいないところを探して、そこにグッピーを放したのである。グッピーを放した場所には、捕食者のいるところもあれば、ほとんどいないところもあった。捕食者の多少によって、グッピーがどう進化するかを確かめるわけだ。

結果は、人工的な環境でも自然界でも同じで、しかも明快だった。グッピーは世代を重ねるにつれ、捕食者がいるところでは地味になり、いないところでは華やかになった。グッピーには、捕食者の存在やメスの好みという原因によって自然淘汰が働いて、進化したのである。

しかも、進化のスピードは速かった。地味なグッピーから華やかなグッピーに、あるいはその逆に進化するのに、だいたい2年しかかからなかった。進化は結構速く進むのである。

さらに、ここで大切なことは、進化の方向は予測できるということだ。捕食者を調節することにより、グッピーの体色は予測通りに進化したのである。つまり、複数のグッピーの集団が、同じ道を辿るように進化したのだ。

しかし、このことから、もし金星に生命が産まれたら、恐竜に進化すると言えるだろうか。いや、それはさすがに無理だろう。グッピーと金星では、あまりにもスケールが違いすぎる。なにしろ、（地球の場合は）生命が誕生してから恐竜が進化するまで、30億年以上もかかっているのだ。こんな莫大なスケールで、実験をすることなどできるわけがない……いや、そうでもないのだ。

進化は予測できないのか

私たちヒトは脊椎《せきつい》動物だが、脊椎動物は脊索《せきさく》動物というさらに大きなグループの中に含まれる。脊椎も脊索も、体を前から後ろへ貫く棒のようなものだが、脊椎は主に鉱物でできており、脊索は主に有機物でできている。脊椎動物は、脊索動物のあるグループから進化してきたので、系統的には脊索動物の中に含まれる。

アメリカの進化生物学者、スティーヴン・J・グールド（1941～2002）は、著書『ワンダフル・ライフ』（邦訳：渡辺正隆訳、早川書房）の中で、ピカイアという脊索動物のことを述べている。ピカイアというのはカンブリア紀（5億4100万年前～4億8500万年前）に生きていた脊索動物で、当時知られていた最古の脊索動物でもあった。ということは、ピカイアは私たちの遠い祖先（あるいはその近縁種）だったかもしれない。

ピカイアは長さが5センチメートルほどの小さな動物だ。カンブリア紀の動物の中では特に目立った存在ではないし、化石もそうたくさんは見つからないので、個体数もそれほど多くなかっただろう。

カンブリア紀にはさまざまな形をしたユニークな動物がたくさんいた。しかし、そのほとんどは子孫を残すことなく絶滅してしまった。ピカイアだって絶滅しておかしくなかった。だが、ピカイア（あるいはその近縁種）の子孫は生き残り、その結果として私たちがいるのである。

しかし、もしもピカイアが生き残ったのが、ただの偶然だったとしたら……。もう1回、生命の歴史というテープをリプレイしたら、ピカイアは子孫を残すことなく、絶滅したかもしれない。そのときは、今の地球に、私たちは存在しないことになる。このようにグールドは、生命の進化における偶然性を強調した。生命の歴史のテープを何回リプレイしても、そのたびに異なる世界に辿り着くだろうというのである。つまり、進化は予測不可能だというわけだ。

ただし、その後ピカイアよりも古く、しかもピカイアより私たちに近縁と考えられる脊椎動物の化石が発見された。その一つが、現在知られている最古の魚類、ミロクンミンギアだ。そのため、ピカイアが私たちの祖先である可能性はほぼなくなった。

とはいえ、このことが、偶然性を重視するグールドの議論の本筋に影響することはない。

進化における収斂

一方、グールドとは反対の見解を述べる人もいる。その代表がイギリスの古生物学者、サイモン・コンウェイ=モリス（1951〜）だ。

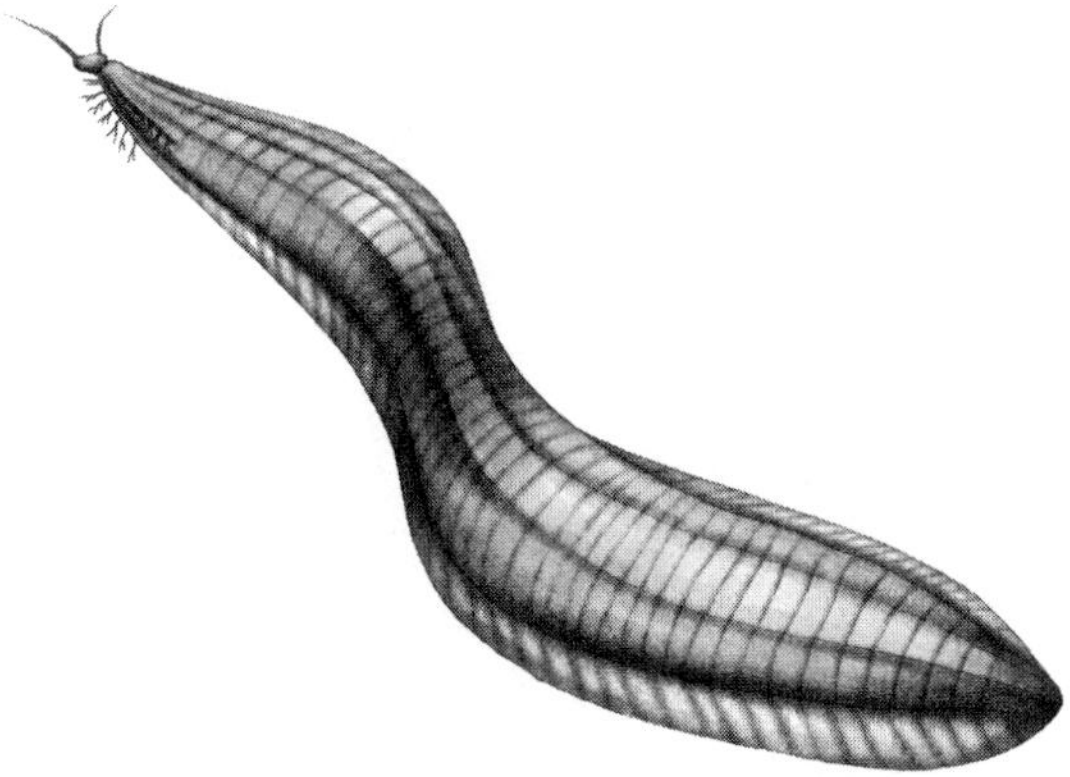

ピカイア

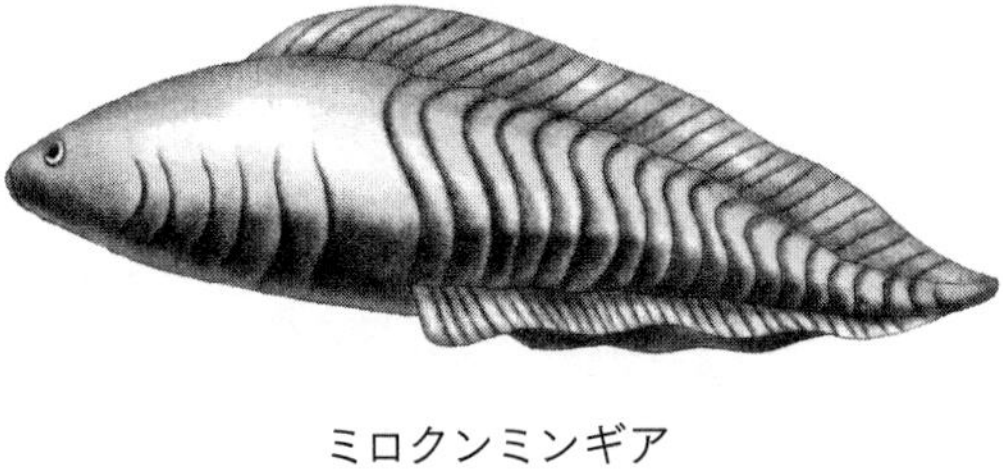

ミロクンミンギア

イルカは哺乳類である。サメは魚類である。中生代（2億5200万年前〜6600万年前）に生きていた魚竜は爬虫類である。これらの動物は、系統的にはまったく異なるにもかかわらず、独立に同じような形に進化した。このような現象を収斂《しゅうれん》という。

イルカやサメや魚竜が流線形の体を進化させたのは偶然ではない。体の大きい動物が水中を素早く泳ぐためには、紡錘《ぼうすい》形の体が適しているのだろう。このような物理的な法則に生物が従わなければならないとすれば、未来の動物の中にも、イルカなどに収斂したものが現れるはずだ。

イギリスのサイエンス・ライター、ドゥーガル・ディクソン（1947〜）は著書『アフターマン』（邦訳：今泉吉典監訳、ダイヤモンド社）の中で、人類が滅亡した5000万年後の未来の生物を空想している。その中に、ポーピンという水中に棲む動物がいる。空想の生物ポーピンは、ペンギンから進化した動物だ。もはや陸に上がることはなく、完全に水中で生活している。ポーピンの体は紡錘形で、イルカなどに収斂していると考えられる。

もちろん、これは空想の話で、ペンギンから完全な水棲動物が進化するかどうかはわ

サメ

魚竜

イルカ

ポーピン

からない。わからないけれど、もしそうなったら、その水棲動物の体は紡錘形をしているはずだ。

このような収斂は珍しいものではない。それどころか、実はありふれた現象である。コウモリは自ら超音波を出して、完全な暗黒下でも蛾などを捕まえることができる。この素晴らしい能力は反響定位と呼ばれるが、これはコウモリだけに進化したわけではない。水中に棲むイルカも、この反響定位の能力を独立に進化させている。また、モルミルス科の魚は、電気を使って周囲を「見」たり仲間とコミュニケーションを取ったりする。この素晴らしい能力も、モルミルス科の魚だけに進化したわけではない。ギュムノートゥス科の魚も、同じような電気的な能力を独立に進化させている。

たしかに生物は、さまざまな特徴を持っている。しかし、それらの特徴の中で、他の生物とまったく収斂していない特徴の方が少ないだろう。どんなにユニークに思える特徴も、たいてい他の生物でも進化しているものだ。

考えてみれば、この収斂という現象は、自然が行った進化実験とも言える。違う場所で別々に進化させることは、生命の歴史をリプレイすることと、本質的には同じだからだ。違う場所で別々に進化した結果、収斂が起きるのであれば、生命の歴史をリプレイしても、同じような結果になる可能性が高い。

おそらく、生物が取り得るデザインには限りがある。だから、生命の歴史のテープを何回リプレイしても、辿り着く世界はいつも似たようなものになる。そういう意味では、進化は必然で予測可能である。それが、コンウェイ＝モリスの考えだ。

実際、さきほどのグッピーの実験では、進化は予測可能だった。これは、コンウェイ＝モリスの考えを支持する結果と言える。

グッピーの場合はかなり厳密な実験ができたが、それは数世代という短いスケールで行われたものだった。自然界における収斂現象は数億年という長いスケールで起きることもある。それでは、もっと自然界のタイムスケールに近づけた、長期的な実験はできないだろうか。

大腸菌の進化実験

地球には、いろいろな生物が生きている。その中には目に見えないものもいる。たとえば細菌だ。私たちの眼は、だいたい0・1ミリメートルぐらいまでしか見えないので、それより小さい細菌は見えないのである。見えないけれど、細菌は地球で一番数が多い生物だ。その中でもっとも有名な細菌は、大腸菌だろう。単細胞生物で、大きさはおよそ1マイクロメートル（0・001ミリメートル）である。

私たちヒトの1世代の長さは、およそ25年である。一方、大腸菌の1世代の長さは、（条件がよければ）およそ20分だ。つまり、大腸菌の世代交代の速さは、ヒトの約66万倍になる。進化速度は世代交代の速さに大きく影響されるので、大腸菌はヒトの何十万倍も速く進化できることになる。

この進化の速さに注目して、アメリカの進化生物学者、リチャード・レンスキー（1956～）は、大腸菌を使って進化の実験を始めた。1988年のことである。この実験は30年以上も継続されており、現在ではもっとも有名な進化実験となっている。

大腸菌の進化実験の図

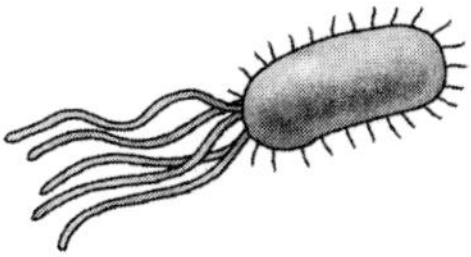

1つの大腸菌

↓

増殖した遺伝的に同一の大腸菌を
12個のフラスコに入れて12系統に分ける

↓

各フラスコにグルコースを入れる ←

↓

グルコースが使い果たされる

↓

次の日：12系統それぞれから少量の培養液を取り、
新しい培養液が入ったフラスコに移す

↓

後の研究のため、
各系統のサンプルを500世代ごとに冷凍保存する

レンスキーはミシガン州立大学で、その実験を一個体の大腸菌から始めた。レンスキーは一個体を培養して莫大な数に増殖させ、そこから12の集団を作った。それぞれの集団は、10 mLの培養液が入ったフラスコに入れられ、毎日一定量のグルコース（ブドウ糖）を与えられた。グルコースがなくなるまで成長を続け、1日に約7回分裂した。大腸菌はグルコースがなくなった後も大腸菌は生き続けるが、もう分裂はしない。

次の日になると、グルコースがなくなった（でも大腸菌は生きている）10 mLの培養液から0・1 mLだけ吸い上げて、新しい培養液に移した。新しい培養液は、別のフラスコに入れてあり、量は9・9 mLだった。つまり、元の大腸菌の約1パーセント（およそ500万個体）だけを、新しい培養液10 mLに移したわけだ。そこでも大腸菌はグルコースがなくなるまで成長を続け、1日に約7回分裂した。進化速度が世代数に比例すると考えれば、1日7回の分裂だと、進化速度はヒトの約6万倍になる。

この操作を、12の集団について、毎日毎日繰り返した。週末も休日もだ。もちろんレンスキー一人では不可能なので、学生などの共同研究者と一緒に行った（研究室の引っ越しや休暇で、実験が一時停止したことが数回だけあった）。

12集団の大腸菌は、すべて一個体の大腸菌に由来するので、もともとは完全に同じDNAを持っていた。しかし、代を重ねるうちに、DNAにはたまに突然変異が起きる。有利な突然変異（生存率を高めたり分裂回数を増やしたりする突然変異）なら、集団中に広がっていくだろう。逆に不利な突然変異（生存率を低めたり分裂回数を減らしたりする突然変異）なら、集団中から消えていくだろう。こうして12の集団は、それぞれのフラスコの中で、独自の進化の道を歩み始めたのである。

さらに、12系統のそれぞれの大腸菌は、500世代ごとに冷凍保存された。培養液にグリセロール（グリセリンとも言う）を混ぜると、冷凍されても大腸菌は死なないのだ。これは、復活可能な化石記録と言える。つまり祖先を復活させて、子孫と同時に進化させることだってできるのだ。この実験は現在までに、30年以上にわたって、7万世代以上続いている（ヒトで同じ実験をすれば、200万年ぐらいかかるだろう）。

ちなみに、グルコースは、ほとんどの生物にとって一番使いやすいエネルギー源である。ヒトは、グルコースなどの糖の他に、脂質やタンパク質をエネルギー源として使うけれど、やはりグルコースが一番使いやすいようだ。とくに私たちの脳はわがままで、エネルギー源としては、ほぼグルコースしか使わない。

進化実験の結果

30年以上にわたるレンスキーの実験では、どんな結果が得られたのだろうか。

大腸菌は、毎日限られた量のグルコースしか与えられなかった。ということは、グルコースを速く吸収できる個体の方が有利になり、たくさん分裂できたはずだ。その結果、フラスコの中では、グルコースを速く吸収できる個体が増えていくと考えられる。つまり、それぞれのフラスコで、大腸菌の増殖速度が速くなっていくことが予想される。

実際に、大腸菌は速く増殖するように進化した。ただし、増殖速度がどのくらい速くなったかは、フラスコごとにかなり違っていた。実験開始から1万世代目の結果では、増殖速度が祖先集団より60パーセントも高くなったフラスコもあれば、30パーセントにとどまったフラスコもあった。これは、それぞれのフラスコで、大腸菌が異なる進化の道を歩んだ結果だと考えられた。

12個のフラスコの大腸菌は、同じ条件から出発した。つまり12個のフラスコの中の世界は、それぞれが生命の歴史のリプレイと考えられる。その結果、（増殖速度の増加が30〜60パーセントという）異なる世界に辿り着いたのだ。これは、進化には偶然性が大きな役割を果たしているという、グールドの考えを支持する結果である。生命の歴史をリプレイしたら、異なる結果に辿り着いたのだから。

とはいえ、別の解釈も成り立つ。12の集団は、すべて増殖を速くするように進化した。つまり、すべて同じ向きに進化したのだ。したがって、生命の歴史をリプレイしたら、同じような結果に辿り着いたのだ、とも結論できる。増殖速度の増加が30パーセントと60パーセントではかなり違うようにも思えるが、これは12集団の中で増殖速度が一番高い集団と一番低い集団を比べているからだ。中には似たような増殖速度の集団もあるのだから、この実験結果は収斂を示しているとも考えられる。つまり、進化において必然性を重視する、コンウェイ=モリスの考えを支持しているということだ。

つまり、どこまで似ていれば収斂と考えるかによって、結果の解釈は変わってくる。実際に、レンスキー自身も解釈が変化している。1万世代が経過した時点では偶然性を強調し、2万世代が経過した時点では必然性を強調している。しかも、問題はこれだけではないようだ。

もしも無限に時間があれば

レンスキーが使った培養液には、クエン酸塩が含まれていた。しかし大腸菌は、周囲に酸素がある状態では、クエン酸塩を栄養として利用できない（酸素がないときは利用できる）。レンスキーは普通の実験室で、つまり周囲に酸素がある状態で、実験を行っていたため、クエン酸塩を大腸菌が利用することはなかった。

ところが、ついに3万3127世代目に、酸素がある状態でクエン酸塩を消化して利用できる大腸菌が、一つのフラスコで進化したのである。この後も実験は継続されているが、現在に至るまで、他のフラスコではクエン酸塩を消化できる大腸菌は進化していない。クエン酸塩を消化する能力は、よほど進化しにくいのだろう（後に、複数の突然変異がうまく重ならないと、クエン酸塩を消化する能力が進化しないことが明らかになった)。さすがにこれは、進化には偶然性が大きな役割を果たしているという、グールドの考えを支持する結果と考えてよいのではないだろうか。

3万3127世代目に、たった一つのフラスコで、クエン酸塩消化能力が進化した。4万世代が経過しても、5万世代が経過しても、6万世代が経過しても、クエン酸消化能力が進化したフラスコはたった一つのままだった。たしかに、これらの時点で考えれば、進化では偶然性が大きな役割を果たしているように思える。生命の歴史のテープをリプレイしたら、異なる結果に辿り着くように思える。

でも、もっとずっと長い時間が経過したら、どうなるだろう。たとえば、60万世代とか、600万世代とかが経過したら、どうなるだろう。そのときは、12個のフラスコすべてで、クエン酸塩消化能力が進化しているかもしれない。つまり、進化をどの時点で考えるかによって、偶然性と必然性の評価は変わってくるということだ。

つまり、答えとしては、偶然性と必然性の両方とも正しいのだろう。突然変異がDNAのどこに起きるかとか、巨大隕石が地球に衝突するとかいう偶然も、増殖速度が速くなっていくとか、生物は物理法則にしたがうとかいう必然も、両方とも進化に影響しているのだ。

また、収斂現象のように、同じような形に進化する場合でも、体のすべての部分が同じになるわけではない。たしかに、イルカとサメは体全体の形は似ている。でも、イルカは尾びれを上下に振って泳ぐ。だから、イルカの尾びれは水平方向になっている。一方、サメは尾びれを左右に振って泳ぐ。だから、サメの尾びれは鉛直方向になっている。

ある生物の体の一部が、他の生物の体の一部と収斂していることは、しょっちゅうだろう。しかし、ある生物の体のすべての部分が、他の生物の体のすべての部分と収斂していることは、さすがにないだろう。

そう考えてくると、「進化は繰り返すか」という問いへの答えは、イエスでもノーでもなく、程度の問題と考えられる。もしも金星に、地球と同じような有機物でできた生物がいたとしたら、金星の生命の歴史の中で、恐竜にほんの少しでも似た生物がまったく現れない、ということはないだろう。しかし、その反対に、何から何まで恐竜そっくりの生物が現れる確率も低いだろう。おそらく、体の一部が恐竜に似た生物が、何回か進化するぐらいではないだろうか。

第2章　恐竜人間の進化

恐竜人間

第1章で、生命の歴史をリプレイすることを考えた。もしもリプレイしたら、人類ではなくて別の知的生命体が、地球で進化したかもしれない。そんな可能性を考えた人の一人が、カナダの古生物学者、デイル・ラッセル（1937～2019）だ。

ラッセルは、もしも恐竜が絶滅しなかったら、どのような進化を遂げただろうかと考えた。そして、トロオドンという大きな脳を持っていた恐竜をモデルにして、高度な知能を持つように進化した恐竜を想像したのである。

トロオドンは体長約2メートルの小型の恐竜である。前肢の3本指のうちの1本が他の指と向かい合っていたため、ものを掴むことができたと考えられる。大きな眼が正面を向いていたので、立体視もできたはずだ。そして、脳も大きかった。

トロオドンの体重は約50キログラムと見積もられているので、私たちヒトと同じか少し軽いぐらいである。しかし、脳は約50グラムと見積もられているので、私たちの約1350グラムと比べるとかなり小さい。それでも、現生のどの爬虫類よりも大きく、お

ラッセルの恐竜人間
（イメージ）

そらく恐竜の中でもっとも高い知能を持っていたと考えられている。現生の鳥の平均的な知能ぐらいは、あったのではないだろうか。そして、その後の進化でさらに脳が大きくなったら、ついには私たちのような知的生命体になったのでは、というわけだ。

ラッセルの恐竜人間を見ると、体には鱗《うろこ》があり、顔も不気味だが、体型はほぼヒトと同じで直立二足歩行をしている。でも、ここまでヒトに似ているのは不自然ではないだろうか。それについて、少し検討してみよう。

小さい方が生き残る

約6600万年前の白亜紀末に大量絶滅が起こり、恐竜も絶滅した。その大量絶滅には、巨大な隕石が地球に衝突したことが関係していると考えられている。

巨大な隕石が衝突すると、どんなことが起きるのだろう。正確なことはわからないが、隕石の衝突地点から何千キロメートルも離れたところにいた恐竜も、無事ではいられなかったはずだ。

少し、想像してみよう。まず、目がくらむような巨大な閃光が生じる。恐竜は驚いて、空を見上げたかもしれない。眩しすぎて目が潰れた恐竜もいただろう。でも、音はしない。音が伝わるのは光よりずっと遅いので、まだ届かないのだ。

眩しいだけで何も起こらないので、しばらくすると恐竜たちは普段の生活に戻った。しかし、そんな静かな生活は、突然失われた。とつぜん大地が大きく揺れ始め、恐竜は宙に飛ばされ、地面に叩きつけられた。骨が砕け、多くの恐竜が死んだ。運よく生き残った恐竜が、仲間の死骸のあいだを歩いているときに、ものすごい轟音が鳴り響いた。やっと音が届いたのだ。驚いてのたうち回る恐竜の鼓膜は、すでに破れていた。

それからも、いろいろなことがあっただろう。岩石が降ったり、大津波が襲ってきたり、山火事が何もかも焼き尽くしたりしたかもしれない。粉塵が空を覆い、地球が真っ暗になった可能性も高い。そうであれば寒冷化が進み、光合成が止まり、多くの生物は息絶えただろう。

さて、そういうときに生き残るのは、どんな生物だろうか。

もっとも生き残りそうなのは、細菌だろう。細菌は個体数がものすごく多いし、いろいろなところに生息しているからだ。巨大隕石が衝突したときも、地下や深海にいれば、少なくとも地表にいるよりは生き残る可能性が高いだろう。

また、もしも光合成が止まれば、有機物がほとんど作られなくなるので、多くの生物は食べるものがなくなってしまう。しかし、そういうときでも、細菌は生き残る可能性が高い。細菌一個体が生き延びるために必要な食べ物は非常に少なくてよいし、化学合成で有機物を作り出せる細菌なら、そもそも光合成に頼らずに生きていけるからだ。

さて細菌は、数が多いし、いろいろなところに生息しているし、食べ物も少なくてよいから、生き残りやすいと述べた。考えてみれば、これらの3つの特徴は、すべて細菌が小さいことに関係した特徴である。つまり、巨大隕石が落ちたりして大量絶滅が起きたときに生き残りやすいのは、小さな生物なのだ。

もちろん体の大きさだけで、すべてが決まるわけではない。体が小さくても、絶滅してしまった種もあっただろう。ひょっとしたら、一番重要なのは運かもしれない。しかし、たとえそうであっても、体が小さい方が生き残りやすい傾向があることは確かだろう。ライオンには入れないようなすき間にも、ネコなら入って隠れられるかもしれないし、ゾウなら飢えてしまうくらいの食料しかなくても、ネズミなら生き延びられるかもしれないからだ。

恐竜は絶滅していない

「恐竜は絶滅したが、哺乳類は生き残った」と言われることがある。

そう言われると、恐竜はみんな死に絶えたが、哺乳類はみんな生き残った、みたいな印象を受ける。でも、それは正しくない。巨大隕石が落ちたときには、哺乳類だって大部分が死んでしまっただろう。「生き残った」というのは「みんな生き残った」という意味ではなくて、「一部が生き残った」という意味である。

そして、生き残った哺乳類には、小さいものが多かっただろう。いっぽう、恐竜は大きいものが多かったので、絶滅してしまったのかもしれない。しかし、恐竜の中にも小さいものがいた。それは鳥類型恐竜と言われるもので、現在の鳥の祖先となった恐竜だ。小さな恐竜の一部は、鳥として生き残った。つまり、正確に言えば、恐竜は絶滅していない。現在の鳥は恐竜の子孫だからだ。というか、現在の鳥は恐竜だからだ。

鳥が恐竜の子孫かどうかについては、１８６０年に始祖鳥の化石が発見されて以来、百年以上にわたって議論されてきた。しかし、現在では多くの証拠から、鳥が恐竜の子孫であることは確実と考えられている。

鳥には、羽毛が生えている。この羽毛も、鳥になってから進化したものではなく、祖先の恐竜の時代から生えていた。ただし、祖先の恐竜は空を飛べなかったので、羽毛も最初は飛行のために進化したわけではない。おそらく、体の保温のためや、繁殖期のメスへのオスによるアピールに使われていたのだろう。

メスに見せるために、オスが羽毛の生えた前肢を広げる。風が吹いていなければ、オスは首尾よくメスを引き付けて、交尾することができただろう。しかし、風が吹いているときは、前肢を広げたオスはよろけてしまう。もしかしたら、ひっくり返ったかもしれない。いや、場合によっては、少し空中に浮き上がり、地面に落ちて大怪我をしたかもしれない。そんな、疎ましい羽毛の生えた前肢も、一部の恐竜にとっては素晴らしい道具になった。木から地面まで滑空したり、空を飛行したりするための翼になったのだ。

大柄な恐竜は、たとえ翼があっても空中に浮き上がることは無理だろう。しかし、小柄な恐竜なら、空中に浮き上がれるはずだ。そして、翼を少しでも飛行に使うようになった恐竜では、さらに上手に飛べるような進化が起きたと考えられる。おそらく前肢が伸びて翼が大きくなる一方で、体はどんどん小さくなっていったのではないだろうか。このように、鳥類型恐竜では、体のサイズが小型化した可能性が高い。恐竜には大きいものも小さいものもいたが、一番小さいのは鳥類型恐竜だったろう。

現在、地球上には約4500種の哺乳類がいる。いっぽう鳥類は約1万種いる。鳥類の方が、種数としては多いのである。現在の地球で、鳥類はかなり繁栄しているといってよい。

でも、そう考えると、「恐竜は絶滅したが、哺乳類は生き残った」という言葉は、おかしい気がする。白亜紀末の大量絶滅で、哺乳類の多くは死に絶えたが、小さな哺乳類の一部は生き残った。そして現在では約4500種の哺乳類が生きている。同様に、恐竜の多くは死に絶えたが、小さな恐竜の一部は生き残った。そして現在では約1万種の恐竜（＝鳥類）が生きている。ということは、「恐竜も生き残ったし、哺乳類も生き残った」と言うのが正しいのだ。いや、「恐竜も生き残ったし、哺乳類も生き残ったが、恐竜の方が種数が多くて繁栄している」と言うことさえ可能だろう。恐竜は、絶滅なんかしていない。恐竜は、今も繁栄しているのである。

新しい恐竜人間

ラッセルが考えた恐竜人間は、体が鱗で覆われていた。それは、当時の恐竜についての考えを反映していたのだろう。しかし現在では、多くの恐竜に羽毛が生えていたと考えられている。特に、鳥類型恐竜やその近縁種は、全身が羽毛で覆われていた可能性が高い。そのため、恐竜人間の体にも、羽毛を生やすのが適切だろう。もしかしたら、私たちの体の毛が薄くなったように、恐竜人間の羽毛も薄くなっているかもしれないが、その場合でも体の表面に生えているのは羽毛であって、鱗ではないだろう。

さらに、ラッセルの恐竜人間は、私たちのように体が直立している。これも不自然だ。私たち人類が直立二足歩行を始めたのは、化石の証拠から約７００万年前と考えられる。

オルニトミムス

[羽毛が生えていた恐竜]

いっぽう脳が大きくなり始めたのは、約250万年前のことだ。約700〜250万年前には、チンパンジーぐらいの脳を持った、直立した人類が何種もいたのである。つまり、すでに体を直立させている生物の一部が脳を大きくしただけであって、脳を大きくするために体を直立させたわけではない。脳を大きくするために直立二足歩行は必要ないかもしれない。

とはいえ、別の見方もある。たしかに人類は、脳を大きくするために体を直立させたのではないかもしれない。しかし、たまたま体が直立していたから、脳が大きくなれたのだろう、という見方である。

たとえば、ボウリングのボールに棒を突き刺して、その棒でボールを支えることを考えよう。棒を水平にしてボールを横から支えると、かなりの力がいる。ボウリングのボールはかなり重いので、棒が折れてしまうかもしれない。いっぽう棒を鉛直に立てて下からボールを支えれば、力はそれほどいらないし、棒も折れないだろう。重いものは下から支えた方が安定するのだ。

チンパンジーやゴリラは、ときには二足歩行もするけれど、基本は四足歩行である。

そのため、頸椎《けいつい》（首の骨）で頭部を横から支えなくてはならない。だから、あまり頭部が重いと、頸椎の負担も増えるし、頭部も不安定になる。いっぽう私たちは直立しているので、頸椎で頭部を下から支えられる。これなら、頸椎の負担は少ないし、頭部も安定する。そのため、体が直立していることは、脳が大きくなるために必要だったというのである。

そう言われると、そんな気もする。しかし、横から支えることも不可能ではなさそうだ。私たちの脳は約１３５０グラムで、ゴリラの脳は約４５０グラムだ。その差は１キログラムもない。いっぽう、私たちの頭部の重さは約５〜６キログラムもある（だいたいボウリングのボールの重さだ）。ゴリラの頭部の重さはよくわからないが、体全体が大きいので、脳が小さいことを差し引いても、私たちの頭部より軽くはなさそうだ。ゴリラはそんな重たい頭部を横から支えている。だから、私たちの頭部だって、横から支えることができるだろう。直立しなければ絶対に脳は大きくならない、というわけではなさそうだ。

さて、鳥類型恐竜の体は、直立していない。それは化石からもわかるが、現在生きている鳥類型恐竜（＝鳥）を見てもわかる。体は、ほぼ水平だ。足の真上の腰を支点として、頭部と尾部でバランスを取っているのだ。おそらく、鳥類型恐竜の脳が大きくなり、私たちの脳ぐらいの重さになっても、そのままの姿勢でバランスを取って支えることはできるだろう。それなら無理に、恐竜人間を直立させる必要はない。

私たち人類の場合は、脳が大きくなる前から直立していたのだ。だから、脳が大きくなった後も、そのまま直立しているのだ。恐竜人間の場合は、もとは直立していなかったのだ。だから、脳が大きくなった後も、よく目にする鳥の姿勢のままで良いのではないだろうか。

とはいえ脳が大きくなれば、それに伴っていくつかの進化が起きることが予想できる。たとえば、尾が大きくなるかもしれない。恐竜人間は、腰の部分を支点にして、頭部と尾部でバランスを取っている。だから、もし頭部が重くなれば、尾部も重くしなければ、バランスが取れないだろう。

さらに、翼がなくなる可能性が高い。鳥は飛行するために、体重が軽くなるような体の構造をしている。多くの骨が中空になっているのは、その例だ。アフリカオオノガン

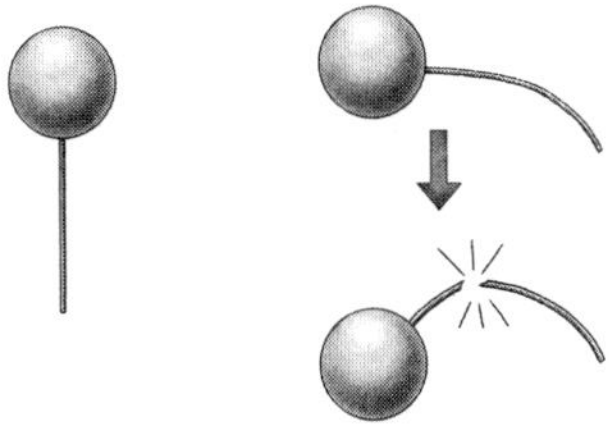

重いボールも下から支えると安定する

アフリカオオノガン

新しい恐竜人間のイメージ

は飛行できる鳥の中でもっとも重く、20キログラムに近い個体もいるらしい。

とはいえ、ほとんどの鳥は大きくても10キログラム以下である。そんな軽い体に、私たちぐらいの1キログラムを超える脳があったら、飛ぶのは難しい。さらに、脳が重くなるのに伴い、尾も重くなるなら、なおさらだ。恐竜人間が空を飛ぶことは、まず無理だろう。

道具を作るカレドニアガラス

これまでの恐竜人間の話は、もしも恐竜が絶滅しなかったら、という仮定の話であった。でも、考えてみれば、こんな仮定を置くのは変な話だ。だって、すでに述べたように、恐竜は絶滅していないからだ。

恐竜はいくつかのグループに分けられる。恐竜人間に進化する候補とされたトロオドンは、獣脚類《じゅうきゃく》というグループに入る。獣脚類の中にはティラノサウルスのような大きなものもいるが、トロオドンは体重が約50キログラムと推定されているので、私たちヒトと同じくらいの大きさだ。獣脚類の中では小型で、鳥の祖先に比較的近縁な恐竜である。つまり、トロオドンに近縁な恐竜は、白亜紀末の大量絶滅を生き延びたことになる。それが現在の鳥というわけだ。

では、鳥から恐竜人間が進化する可能性はあるのだろうか。

現在、世界で一番賢い鳥として有名なのは、カレドニアガラスだ。

オーストラリアの1200キロメートルほど東にあるニューカレドニア諸島は、生物多様性が地球でもっとも高い地域の一つである。3000種以上の植物が存在し、そのほぼ4分の3は、ニューカレドニア諸島でしか見つかっていない固有種だ。年配の人なら『天国にいちばん近い島』という旅行記（森村桂著）や映画（原田知世主演）の舞台になったことで、ニューカレドニア諸島を覚えているかもしれない。

そのニューカレドニア諸島で最大の島、ニューカレドニア島（とその近くの島）に、カレドニアガラスは棲んでいる。1992年にオークランド大学のギャビン・ハントは、このカレドニアガラスが道具を作ることを発見した。

カレドニアガラスは、木の裂け目に潜んでいる昆虫の幼虫を食べる。しかし、裂け目の奥までは嘴《くちばし》が届かない。そこで、道具を使う。適当な枝を見つけると、それを嘴で折り取る。次に、足で枝を押さえながら、嘴で小さな横枝《よこえ》をすべて取り外し、先端を曲げてフック状にする。それから、フックを木の裂け目に入れて、幼虫を引き出すのである。ちなみに、フック状の道具を作るのは、ヒトとカレドニアガラスだけである（チンパンジーやオランウータンにも作れない）。

しかも、カレドニアガラスが作る道具は、小枝のフックだけではない。タコノキの葉は、縁がギザギザになっている。その葉の縁を切って、小さなノコギリみたいにすることもある。このノコギリを、木の裂け目に入れてから引き抜き、幼虫をかき出すのである。カレドニアガラスは、これらの道具を大切にする。食事をしているときは、道具を足でつかんでいるし、出かけるときは、木の高いところに置いていく。

カレドニアガラスの能力は、これだけにとどまらない。飼育下で実験をすると、さらに素晴らしい能力を示すのだ。

たとえば、透明な箱の底に、肉を置く。カレドニアガラスに肉は見えるが、箱の幅が狭いので、嘴で取ることはできない。肉の入った箱の近くには別の箱があって、中に長

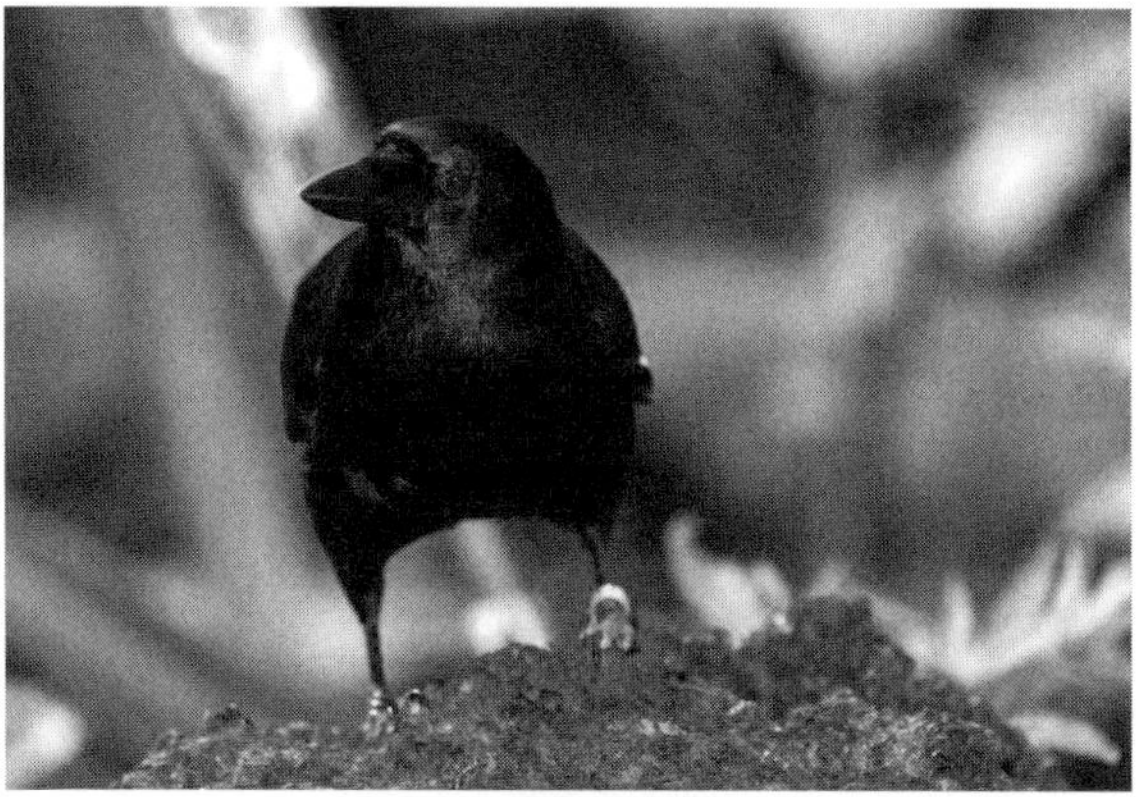

カレドニアガラス

カレドニアガラスの実験

い棒が入っている。ところが、箱には格子がはめられていて、やはりカレドニアガラスの嘴では、長い棒を取ることができない。一方、止まり木の下には、短い棒が紐《ひも》で縛って吊るしてある。

カレドニアガラスはこの状況下で、肉を手に入れる方法を見つけた。まず、止まり木に止まり、嘴で紐を上に引っ張って、短い棒を手繰り寄せた。そして、足で紐を押さえて、嘴で、結んだ紐から短い棒を引き抜いた。それから嘴で短い棒を咥《くわ》えて、その短い棒で長い棒を、格子のはまった箱から取り出した。そして最後に、嘴で長い棒を咥えて、その長い棒で肉を取ったのだ。つまり、カレドニアガラスは棒を、食料を取る道具として見ていただけでなく、道具を取る道具としても見ていたことになる。

カレドニアガラスについては、この他にもさまざまな実験が行われており、もっと複雑なパズルのような実験でも、問題を解決できることがわかっている。

しかも、イギリスのセント・アンドルーズ大学のクリスチャン・ルッツは、カレドニアガラスの現在の技術が、かならずしも最終形とは限らないと言う。さらに進歩する可能性もあると言うのだ。ということは、もしもカレドニアガラスがさらに賢くなったら、果たして恐竜人間に進化するのだろうか。カレドニアガラスが文字を書いたり、自動車を作ったりする日は来るのだろうか。

手の代わりに進化した嘴

カレドニアガラスが道具を作るときに使うのは、嘴と足である。恐竜時代に持っていた前肢は翼になっているので使わない。フック状の道具を作るときは、足で枝を押さえながら、嘴で小さな横枝を取り外したり、枝の先端を曲げたりする。精確で細かい動きをするのは、嘴だ。そして、その道具を器用に使うのも、嘴である。先端をフック状にした枝を、嘴で挟んで、木の裂け目に差し込むのである。

その嘴の形が、カレドニアガラスと他のカラスでは、違っている。一般的なカラスの嘴は、下向きにカーブしており、上嘴《じょうし》と下嘴《かし》が噛み合う面も、下向きにカーブしている。この場合、枝を嘴で挟んでも、枝が安定しない。しかも、枝が顔の下の方にくるので、見えにくい。そのため、枝を使って細かい作業をすることは難しい。

一方、カレドニアガラスの嘴は、正面に向かって真っすぐに伸びており、上嘴と下嘴が噛み合う面も、直線になっている。これなら、嘴で枝をしっかりと挟むことができるので、枝が安定する。しかも、嘴が顔の正面にあるので、はっきり見える。そのため、嘴を精確に動かすことができる。そのため、枝を加工して道具にしたり、枝を使って細かい作業をしたりすることが、できるのだろう。

つまり、カレドニアガラスの嘴は、道具を使うように進化したのだ。63ページの空想図では、恐竜人間は翼に付いている指で道具を使っている（図ではパソコンを使っている）。しかし、実際の恐竜（の中の鳥）は、それとは異なる進化の道を歩んだようだ。道具を使うように進化したのは、指ではなくて嘴だったのだ。

また、カレドニアガラスは、飛ぶのが上手くない。枝から枝に飛び移ることはできるが、長距離を飛ぶのは苦手である。これは、カレドニアガラスが棲んでいるニューカレドニア島に、捕食者が少ないためと考えられる。捕食者が少なければ、飛んで逃げることも少ないだろうし、それほど警戒しないでも生きていける。そのため、枝や葉を突《つつ》いたり切ったりして、いろいろと試してみる余裕が生まれる。したがって、これらの特徴

カレドニアガラス

下嘴が“しゃくれ”て
上下の嘴が平面をつくっているため、
道具をプレスして強く握ることができる

一般のカラス

嘴は下向きに曲がっており、
道具を挟む面が湾曲しているため
道具を挟んで固定することができず、
かつ、道具が顔の下になるため見えにくい

●カレドニアガラスの嘴の図
（慶應義塾大学広報室プレスリリース2016/3/10より）

（直線的な嘴と飛ぶのが下手なこと）は、高度な道具の使用と関係している可能性が高い。カレドニアガラスが、いつから道具を作ったり使ったりするようになったのかは、わからない。しかし、嘴が直線的な形に進化するには、かなりの時間がかかりそうだ。おそらく、カレドニアガラスが道具を使い始めたのは、かなり昔のことだろう。そして、道具を使いながら、嘴の形が変化していったのではないだろうか。

もし、そうであれば、カレドニアガラスはかなり前から、枝を道具として使い続けてきたことになる。カレドニアガラスの技術革新のスピードは、おそらくゆっくりしたものだろう。カレドニアガラスが文字を書いたり、自動車を作ったりする日は、なかなか来ないのではないだろうか。

認知能力には多様性がある

私たちは、脳が大きい生物は賢いと思いがちである。たしかに大ざっぱにはそういう傾向がある。体の大きさが同じなのに、脳の大きさに100倍の差があったら、脳が大

アメリカコガラ

きい方が賢いと言えそうだ。しかし、脳の大きさの差が2倍なら、かならずしも脳が大きい方が賢いとは言えないだろう。脳が大きい方が賢いというのは、その程度の大ざっぱな話である。

また、「賢い」というのも、よくわからない言葉である。「賢い」というのは「認知能力」が高い状態を指すようだ。「認知能力」というのは、情報を獲得し、処理し、保存し、使用する能力と定義されることが多い。イメージとしては、学習とか、記憶とか、推論とか、意思決定とかをする能力だ。しかし、この認知能力が高いか低いかを決めるのは、なかなか難しい。

コガラという鳥は、あとで食べるために数千粒の種を別々の場所に隠し、その場所を数か月経っても覚えているという。私たちには真似のできない、すばらしい認知能力だ。とはいえ、すべての認知能力において、コガラが私たちより優れているわけではないだろう。何かを推論させたら、私たちの方がうまくできるはずである。種によって、得意な認知能力と不得意な認知能力は異なるのだ。

遊びも、認知能力の高さを測る尺度の一つと考えられている。鳥の中でもっとも認知能力が高いのはカラスの仲間で、その次はオウム・インコの仲間だと言われる。さらに、カラスの中でもっとも認知能力が高いと言われているのは、さきほど述べたカレドニアガラスである。カレドニアガラスも、オウムやインコも、遊んだり道具を作ったりする。しかし、たとえば棒に輪をはめて遊ぶのは、オウムやインコの方が得意らしい。

一方、エサを取るために道具を作ったり使ったりするのは、カレドニアガラスの方が得意だ。同じ鳥でも、カラスとオウムやインコでは、認知能力のタイプが異なるようだ。

このように、認知能力には多様性がある。だから、認知能力の高い種から低い種へと、単純に一列に並べることはできない。できないけれど、本当に大ざっぱな目安であることを頭の隅に置きながら、認知能力の目安として脳の大きさを考えてみよう。

脳化指数

現在の地球で一番脳が大きい動物は、マッコウクジラである。8キログラムぐらいあるらしい。ヒトのだいたい6倍だ。でも、マッコウクジラの方がヒトより賢いと考える人はいないだろう。マッコウクジラは脳も大きいけれど、体はもっと大きいからだ。マッコウクジラの体重は40～50トンぐらいあるので、ヒトのだいたい800倍だ。体に対する比率で考えれば、マッコウクジラの脳はヒトより小さいことになる。

それでは、脳の重さを体重で割れば、認知能力の指標になるだろうか。だがそうすると、小さな動物ほど値が大きくなる傾向がある。たとえば、その値は、ヒトでは約0・02だが、トガリネズミでは約0・1になる。トガリネズミの方がヒトより認知能力が高くなってしまうのだ。

そこで、体の大きさが違う動物の脳の大きさを比べるために、脳化指数が使われる。脳化指数というのは、脳の重さを体重の4分の3乗で割ったものだ（3分の2乗で割る方法もある。また、脳化指数の値に定数を掛けて、見やすい値にすることもある）。これを使えば、体の大きさによる偏りをなくして、脳の大きさを（大ざっぱには）比較できると言われている。

たとえば、恐竜人間に進化すると空想されたトロオドンは、だいたい体重が50キログラムで脳重量が50グラムと推定されているので、脳の重さ（50グラム）を体重（500

00グラム）の4分の3乗で割ると、0・01495になる。この値を基準にする（トロオドンの脳化指数を1とする）と、他の動物の脳化指数は以下のようになる。

マッコウクジラ	0・9
トロオドン	1
アメリカガラス	6・2
チンパンジー	8・0
カレドニアガラス	8・5
ヒト	23・5

脳化指数がカレドニアガラスと同じくらいのカラスもいないことはないけれど、全体的に見れば、やはりカレドニアガラスはカラスの中で脳化指数が大きい方である。脳化指数だけを見ると、カレドニアガラスとチンパンジーは、ほぼ同じだ。このデータだけで、カレドニアガラスの認知能力がチンパンジー並みだとは言えないけれど、カレドニ

アガラスの認知能力がかなり高いことは予想される。トロオドンに比べれば10倍近くになっている。これくらい差があれば、トロオドンよりは認知能力が高いと言ってもよいだろう。

恐竜は絶滅していない。トロオドンに比較的近縁な、鳥類型恐竜は生き残った。その子孫の中には認知能力が高くなったものも現れた。その代表種がカレドニアガラスだ。だから、恐竜人間に近いものに進化した恐竜（鳥類型恐竜）は実際にいて、それがカレドニアガラスなのだ。カレドニアガラスを恐竜人間と呼ぶことに、一つ不満があるとすれば、カレドニアガラスの認知能力が私たちほどは高くないことだろう。でも、それはそれでよいのではないだろうか。

カラスの仲間は、ほぼ世界中に棲んでいる。さきほど述べたように、カラスの仲間は全般的に認知能力が高いが、その中でもカレドニアガラスは特に高い。しかし、カレドニアガラスはニューカレドニア島（とその近くの島）にしか棲んでいない。カラスは世界中にたくさんいるのに、どうしてみんなカレドニアガラスのように認知能力が高くならないのだろうか。

いや、そんな疑問をもつこと自体が間違っているのかもしれない。「どうしてみんなカレドニアガラスのように認知能力が高くならないのだろうか」という疑問の背景には、「認知能力は高い方がよい」あるいは「脳は大きい方がよい」という偏見がある。でも、おそらく世界中のカラスの脳の大きさは、今ぐらいでちょうどよいのだ。

ある1羽のカラスに、子供がたくさんいるとする。たくさん子供がいれば、その中には少し脳が大きい子供もいるだろう。もしも脳が大きい方が有利であれば、脳が大きい子供は、他の子供より生き残ったり子供を残したりする確率が高くなる。そうであれば、カラスの脳は、どんどん大きくなるはずだ。世界中のカラスはカレドニアガラス並みに、そしてカレドニアガラスは私たち並みに、あるいは私たち以上になるはずだ。でも、そうなっていないのは、ある程度以上に脳が大きい子供は生き残りにくいからと考えられる。

脳は、非常に多くのエネルギーを使う器官である。脳が大きければ大きいほど、使うエネルギーもどんどん増えていく。だから、大きな脳を維持するためには、栄養のある食事をたっぷりと摂らなければならない。しかし、すべてのカラスが、そんな恵まれた環境に棲んでいるわけではないだろう。

もしも、脳の大きいカラスと脳の小さいカラスが、食べ物が少ないところに棲んでいたら、生き残るのは脳が小さいカラスだ。食糧事情が悪いところに棲んでいれば、（他の条件が同じであれば）脳が大きいカラスから死んでいくのである。脳が大きいことは、かならずしもよいことではない。むしろ危険なことなのだ。

さて、この章の最後に、ハワイガラスを紹介しよう。

ハワイガラスもカレドニアガラスのように、道具を作ったり使ったりするカラスである。カレドニアガラスの嘴と同様に、ハワイガラスの嘴も直線的な形に進化していて、道具を作ったり使ったりするのに適している。今のところ、道具を作ったり使ったりするカラスは、カレドニアガラスとハワイガラスの他には知られていない。

カレドニアガラスとハワイガラスは系統的には離れているため、両者の道具に関する進化は、収斂であると考えられる。温かい気候の島で天敵が少ない、という共通の環境が、道具に関する進化を促したのかもしれない。

しかし、このハワイガラスは、認知能力が高いので、大繁栄をしているというわけではない。それどころかハワイガラスは、すでに野生状態では絶滅している。現在生きているハワイガラスは、すべて飼育下のものである。ハワイガラスの野生絶滅には人間の活動が大きく影響していることは明らかだが、ともあれ認知能力が高いものが繁栄するとは限らない。そしてそれは、ひょっとしたら、私たちにも当てはまることかもしれないのである。

第3章　感染症とヒトの未来

宇宙戦争

イギリスの小説家、ハーバート・ジョージ・ウェルズ（１８６６～１９４６）の作品に、『宇宙戦争』（１８９８）がある。火星人が地球に攻めてくる話で、ＳＦ（サイエンス・フィクション）の古典となっている。あらすじは、だいたい以下のようなものだ。

大きな円筒形の物体に乗って、火星人が地球にやってくる。地球に着いた火星人は、トライポッドという巨大な3本足の戦闘機械に乗って、熱線を出しながら町を破壊していく。ただし、火星人のトライポッドも圧倒的に強いわけではなくて、地球の軍隊の砲撃によって破壊されることもある。とはいえ、全体的な形勢は火星人に有利で、地球人の敗色が濃厚になっていく。

ところが、そのとき、なぜか火星人が次々に死んで、全滅してしまう。火星人を殺したのは、地球に棲んでいる病原体だった。これらの病原体に対する免疫を、まったく持っていなかった火星人は、感染症にかかって全滅してしまったのだった。

結末は、地球人にとって、ハッピーエンドである。地球が征服されなくて、本当によかった。もっとも火星人だって、免疫かそれに類したものは持っていただろう。火星にだって病原体ぐらいは存在しているだろうから。でも、地球の病原体に対する免疫は持っていなかったと考えられる。

このように、病原体による感染症で、ある範囲の生物が全滅することはありうる。そうであれば、たとえば地球上の人類が、感染症で全滅することはあるのだろうか。

人類が感染症によって絶滅する可能性を、3つのケースについて考えてみよう。それは、抗生物質が効かない病原体が出現すること、病原体が強毒化すること、文明によって感染症が増加すること、の3つである。

抗生物質はなぜ効くのか

病原体には、ウイルスや細菌や原生生物や真菌など、いろいろなものがいる。私たちは病原体に感染すると、病気になることがある。そういうときは、病原体を殺す効果のある抗生物質を飲んだりする。

抗生物質は「微生物が産生し、他の微生物の生存を阻害する物質」のことで、病原体のうち、おもに細菌の生存を阻害する物質である。この抗生物質を飲むと、病原菌（病原体としての細菌のこと）が死んで、病気が治るわけだ。ちなみに、正確には、微生物が作ったものを抗生物質と言い、人間が薬剤として作ったものは抗菌薬と言う。しかし、ここでは便宜的に、抗菌薬も含めて抗生物質と呼ぶことにする。

さて、病原菌のせいで病気になったのであれば、病原菌を退治しなければならない。しかし、ただ病原菌を殺せばよいというわけではない。たとえば、ある毒薬は、病原菌も殺すけれど、同時に私たちの細胞も殺してしまう。それでは困る。抗生物質のよいところは、（完全ではないけれど、ほぼ）病原菌だけに作用し、私たちの細胞には作用しないところだ。

たとえば、ペニシリンについて考えてみよう。ペニシリンは、世界で初めて発見された抗生物質である（抗菌薬としてはドイツの細菌学者、パウル・エールリヒ（１８５４～１９１５）と日本の細菌学者、秦《はた》佐《さ》八郎《はちろう》（１８７３～１９３８）が合成した梅毒の治療薬、サルバルサンの方が先だが、細菌が作る狭義の抗生物質としてはペニシリンが最初である)。1928年にイギリスの細菌学者であるアレクサンダー・フレミング(1881~1955)は、ブドウ球菌を培養していたシャーレ(細菌を培養する小皿)に、アオカビが混入していることに気がついた。妙なことに、アオカビの周囲ではブドウ球菌のコロニーが溶けていた。そこからフレミングは、細菌を殺す物質を、アオカビが分泌しているのではないかと思いついた。それが、ペニシリンの発見につながったというエピソードが有名だ(フレミングが論文で発表したのは翌1929年)。

多くの細菌は、細胞の外側に細胞壁を持っている(植物細胞が持つ細胞壁とは別のものだ)。この細胞壁は細菌が生きるために不可欠で、多くの化学反応から成る複雑なプロセスによって作られている。このプロセスを変更したり、別の方法で細胞壁を作ったりするのは容易ではない。そのため、たとえ細菌のDNAに変異が起きて、細菌が進化しても、細胞壁を新しい方法で作る細菌はなかなか現れないわけだ。

この、細胞壁を作るプロセスの最終段階を、ペニシリンは阻害する。そのため、多くの細菌はペニシリンによって死んでしまう。細菌は進化しても、なかなかペニシリンの呪縛を逃れることはできない。だからペニシリンは、昔からずっと、多くの細菌に対して有効で、そして今でも多くの細菌に対して有効なのだ。

抗生物質が効かない細菌

とはいえ、ペニシリンはすべての細菌に対して、効力があるわけではない。肺炎を引き起こすマイコプラズマという細菌は、細胞壁をもたないのでペニシリンが効かない。また、細胞壁をもつ細菌は、ペニシリンが効かない細菌に進化しにくいけれど、絶対に進化しないわけではない。たとえペニシリンといえども、長いあいだ使い続けていると、ペニシリンに耐性をもつように進化した病原菌が現れる。すると、もうペニシリンは効かなくなってしまう。

アオカビがペニシリンを作るように進化したのは、ペニシリンによって細菌の増殖を抑えることが、アオカビにとって有利だったからだろう。しかし、今ではペニシリンに耐性をもつ細菌が進化してしまった。ということは、もうペニシリンを作ることは無意味ではないだろうか。アオカビは細菌に負けて絶滅してしまうのではないだろうか。

　しかし、今のところアオカビは絶滅していない。これは不思議なことだけれど、不思議なことは他にもある。抗生物質には多くの種類があるけれど、どの抗生物質でも事情は似たようなものだろう。つまり、どの抗生物質に対しても、そのうち耐性をもつ病原菌が進化するはずだ。そうなれば、効かなくなる抗生物質がどんどん増えてきて、ついには、効果のある抗生物質なんて、一つもなくなってしまうだろう。ということは、絶滅の危機にあるのはアオカビだけではない。人間だって同じである。すべての抗生物質が効かなくなって、人間は病原菌との戦いに敗れ、絶滅してしまうのだろうか。

　でも、今のところ、人間は絶滅していない。しかも、抗生物質に耐性のある病原菌がすでに進化しているのに、今でも同じ抗生物質を使うことがある。なぜだろうか。

薬剤耐性の昆虫をどうしたらよいか

抗生物質ではないが、BT剤という有名な農薬を例にして考えてみよう。さきほどの抗生物質は細菌を殺す物質だったが、BT剤はチョウやガなどの昆虫を殺す農薬である。BT剤は、バチルス・チューリンゲンシス（*Bacillus thuringiensis*）という細菌が作るタンパク質だ。昆虫の消化管の中で、アルカリ性の消化液で分解されてから、消化管の中のある構造に結合することによって、昆虫を死に至らしめる。

一方、人間には、BT剤が結合する構造がないので、一応無害とされている。また、BT剤は、物質としての寿命が短く、太陽光によって急速に分解される。そのため、環境をほとんど汚染しないとも言われている（ただし、これには反論もある）。このBT剤は農薬として使われるだけでなく、植物の遺伝子を組み換えて、植物自身にBT剤を作らせることも多い。

BT剤は日本も含め世界中で使われているが、特にアメリカで広く使われている。他の農薬に比べると、BT剤に対する耐性は進化しにくいようだが、それでもすでにBT剤に耐性をもつ昆虫は出現している。しかし、BT剤は使われ続けているし、農薬として一定の効果も上げ続けている。その理由は、すべての畑でBT剤を使うのではなく、BT剤を使わない畑を残しているからだ。

たとえば、アメリカのトウモロコシ畑では、BT剤を使うのは、畑の面積の80パーセントで、残りの20パーセントではBT剤を使わない。アメリカの綿畑では、BT剤を使うのは、畑の面積の50パーセントで、残りの50パーセントではBT剤を使わない。こうすると、BT剤はいつまでも効き続けるのである（年によっては害虫が増えて、危機的な状況になることもあるけれど、平均的にはBT剤は効き続けるのだ）。

では、どうしてBT剤が効き続けるのかを考えてみよう。まずはBT剤を使った畑からだ。

BT剤を使った畑では、ほとんどの昆虫は死んでしまう。だから作物はよく育ち、収穫量は増える。しかし、何年か経つと、BT剤に抵抗性を持つ昆虫が進化してくる。そうすると、いくらBT剤を使っても効果はない。BT剤抵抗性の昆虫は作物に被害を与え、収穫量は激減してしまう。

ここで、すぐ隣にBT剤を使わない畑があったら、どうなるだろうか。さっきのBT剤を使った畑なら、BT剤抵抗性（BT剤が効かないこと）の昆虫は増えるけれど、BT剤感受性（BT剤が効くこと）の昆虫は死んでしまうので増えなかった。それでは、

ＢＴ剤を使わない畑なら、ＢＴ剤抵抗性の昆虫もＢＴ剤感受性の昆虫も、同じように増えるのだろうか。いや、そうはならない。ＢＴ剤抵抗性の昆虫よりＢＴ剤感受性の昆虫の方が増えるのだ。

昆虫も生物なので、物質やエネルギーを使って生きている。そして、当然のことだが、昆虫が使っている物質やエネルギーの量（代謝量《たいしゃりょう》）は有限である。そのため、もし代謝量の一部をＢＴ剤への抵抗性のために使ってしまうと、それ以外の成長や生殖などに使える代謝量が減ってしまう。そのため、ＢＴ剤抵抗性の昆虫は、ＢＴ剤感受性の昆虫より、成長や生殖などに関しては不利なのだ。それが、ＢＴ剤に対する抵抗性を手に入れた代償なのだ。何も失わずに何かを得るなんて虫のよい話は、ないのである。ということで、ＢＴ剤を使っていない畑では、ＢＴ剤感受性の昆虫が増えることになる。

ここで、ＢＴ剤を使っている畑と使っていない畑が遠く離れていれば、悲惨な結果になる。ＢＴ剤を使っている畑では、ＢＴ剤抵抗性の昆虫が増えて、作物に壊滅的な被害がもたらされる。ＢＴ剤を使っていない畑では、ＢＴ剤感受性の昆虫が増えて、作物に壊滅的な被害がもたらされる。両方の畑で壊滅的な被害が出てしまうのだ。

しかし、ＢＴ剤を使っている畑の中にＢＴ剤を使っていない畑を作れば、そうはならない。その場合は、ＢＴ剤抵抗性のチョウやガが、ＢＴ剤を使っていない畑に飛んでいくこともあるだろう。反対に、ＢＴ剤感受性のチョウやガが、ＢＴ剤を使っている畑に飛んでいくこともあるだろう。その結果、両者は混ざり合って生息することになる。こういう状況では、ＢＴ剤抵抗性と感受性の昆虫のどちらが有利になるのだろうか。

ＢＴ剤を使った畑では、ＢＴ剤抵抗性の昆虫の方が有利である。しかし、ＢＴ剤を使っていない畑では、逆にＢＴ剤感受性の昆虫の方が有利になる。こういう両者が行ったり来たりしながら混ざり合って生息しているのだから、片方だけが急速に増えることはない。両者は、シーソーのようにバランスを取りながら、共存することになるのである。

ＢＴ剤を使わない畑は、いわば保険のようなものである。ＢＴ剤抵抗性の昆虫によって、ＢＴ剤を使った畑にもそれなりの被害は出る。しかし、ＢＴ剤抵抗性の昆虫の増加は、ＢＴ剤感受性の昆虫によって抑えられている。その結果、壊滅的な被害にまでは至らない。このような工夫をすることによって、収穫量は少し落ちるけれども、長期間にわたって畑を維持することができるのである。

なぜ抵抗性が進化しても抗生物質は使えるのか

以上の話は、薬剤だけでなく、抗生物質にも当てはまる。そして、アメリカのトウモロコシ畑だけでなく、地球上のどこにでも当てはまる。ある抗生物質か薬剤（仮にAとする）によって、ある種の生物が死ぬとしよう。もし、世界中でAがまったく使われていなければ、A感受性の生物が世界中に広まるだろう。もし反対に、世界のどこに行ってもAが使われていれば、A抵抗性の生物が世界中に広まるだろう。しかし実際には、その中間のことが多い。Aを使っている場所もあるし、Aを使っていない場所もある。そうであれば、A感受性の生物とA抵抗性の生物が、両方とも存在しているはずだ。

ただし、その割合は、場所や時期によって異なるだろう。Aがたくさん使われれば、A抵抗性の割合が増えるだろうし、Aがあまり使われなくなれば、A感受性の割合が再び増えていくだろう。このようにバランスをとりながら、Aに対する抵抗性の生物も感受性の生物も存続していく。ペニシリンに対する抵抗性をもつ細菌が進化しても、ペニシリンがまったく使えなくなるわけではない理由は、こういうことである。

とはいえ、抗生物質などの使い過ぎは、このバランスを、抵抗性の生物を増やす方に傾ける。現在の世界では、抗菌薬耐性菌（抗生物質に抵抗性の細菌）による死者が増加し続けているので、抗生物質を使い過ぎている可能性が高い。また、抗生物質を使い過ぎると、他の感染症にかかりやすくなるという報告もある。有名なイギリスの調査（Avon Longitudinal Study of Parents and Children）では、生後6か月以内に抗生物質を投与された子供は、肥満になる傾向があると結論されている。

もちろん、抗生物質を使うのが、いけないわけではない。抗生物質が多くの人の命を救い続けているのも事実であり、人類の平均寿命が延びた理由の一つが抗生物質の使用であることも間違いない。どのくらい抗生物質を使うべきなのか。このあたりのバランスは難しいところである。

感染予防策は役に立つか

人類が感染症によって絶滅する可能性はあるのか。病原体が抵抗性を進化させることによって、人類に深刻な被害をもたらす可能性はあるが（現在は、まさにそういう状況になりつつあるが）、そのために人類が絶滅する可能性は低いだろう。前の節で述べたように、抵抗性と感受性の割合はバランスをとっており、すべての病原体がすべての薬剤に抵抗性をもつことは、考えにくいからだ。

それでは次に、病原体が強毒化する可能性について考えてみよう。もしも、すさまじく強い毒性をもつ病原体が進化したら、人類が絶滅する可能性はないだろうか。

２０１９年に初めて確認された新型コロナウイルス（SARS-CoV-2）は、その後世界中に広がった。この感染拡大を抑えるために、空港や港で入国を規制する水際対策や大規模な集会の禁止など多くの対策が取られてきた。おそらく、これらには一定の効果があり、感染が広がるスピードが抑えられたと考えられる。

しかし、スピードは抑えられても、感染自体はゆっくりと広がり続けた。そのため、こんな意見を耳にするようになった。

「どうせ最終的にはウイルスが広がってしまうのであれば、感染拡大を防ごうとする努力なんか無駄ではないのか」

いや、そんなことはない。感染症の拡大が遅くなれば収束も遅れるけれど、一定の期間で区切って考えれば、患者の数は少なくなる。そのため、医療機関がパンクすることを防ぐ意味がある。

同じ100人が感染するにしても、ひと月のあいだに100人感染するのと、毎月8~9人ずつ一年かけて100人感染するのとでは、状況がまったく違う。もしも病院などが対応できる感染者の人数が、ひと月当たり10人なら、前者の場合は90人が重症化したり死亡したりするかもしれないが、後者の場合は100人全員が軽症で済むかもしれないからだ。しかも、感染が広がるスピードを抑える意味は、それだけではない。

ウイルスのような病原体の毒性が強ければ、短期間で感染した人を殺してしまう。そのため、病原体が生き残るためには、素早く別の人に再感染しなければならない。そうでなければ、感染した人が死ぬときに、体内の病原体も消滅してしまうので、その病原体の系統は途絶えてしまうからだ。

一方、毒性の弱い病原体は、たいてい感染した人を殺さないし、もし殺すにしても長い時間がかかる。そのため、人から人へ感染するペースが遅くても、その系統はなかなか途絶えない。

つまり、病原体にとっては、人を殺さない方が得なのだ。病原体と人の関係は、人と地球の関係に似ている。人があまりに好き勝手なことをして、地球の環境を人が住めなくなるまで壊してしまったら、困るのは人である。しまったと思っても、もう遅い。人類は絶滅するしかないだろう。

しかし、そのとき火星に移住できるほど技術が進歩していたなら、人類は滅亡しないかもしれない。地球に残った人類は絶滅してしまうけれど、火星に移住した人類は生き続けるかもしれないからだ。とはいえ、それも長くは続かない。地球にいた頃と同じことをしていれば、まもなく人類は火星の環境も壊してしまうだろう。しまったと思っても、もう遅い。人類は木星の衛星かどこかへ、また移住しなければならないだろう。

こんな危険な綱渡りのような生き方をしている人類は、そう長くは生き続けられないに違いない。環境破壊のスピードが速すぎて、移住のための準備が間に合わなかったり、たまたま近くに移住できる惑星がなかったりすれば、それで終わりだからだ。

一方、地球を大切にする生き方をすれば、どうなるだろう。人類は環境を破壊しないので、いつまでも地球に住み続けることができる。そして技術が進歩したら、火星に移住することもできる。さらに木星の衛星に移住するかもしれない。そうなれば、人類はいろいろな星で生きていけるので、絶滅する可能性は低くなる。環境を大切にする生き方をしている人類は、末永く繁栄していくことだろう。

つまり、病原体が感染するペースを遅くするのは、人類が他の惑星に移住するのを邪魔するようなものだ。移住を邪魔すればするほど、環境を破壊する人類が絶滅する可能性は高くなるのである。そして、毒性の強い病原体は、感染した人をすぐに殺すので、素早く別の人に感染しなければならない。素早い感染に失敗すれば、それで終わりである。

一方、毒性の弱い病原体は、感染した人と長く付き合うことになる。その間に別の人に感染することもできるだろう。

つまり、感染するペースを遅くすればするほど、病原体は弱毒化に向かって進化する傾向がある。病原体の進化はかなり速いので、実際に1～2年で弱毒化した例もある。感染拡大を防ぐ対策は、病原体を弱毒化して、死亡者を減らす効果があるのだ。

もちろん、病原体の進化は偶然にも左右されるので、感染を防ぐ対策をしても万全ではない。強毒化してしまう可能性もゼロではない。ゼロではないけれど、それでも対策をすれば、病原体が弱毒化する可能性が高くなるのは確かである。

贅沢な狩猟採集生活

よくある笑い話の一つに、こんなものがある。

南の島で魚を捕ったり果物を採ったりしながら、のんびり暮らしている人が、都会に住んでいる大企業の社長に尋ねた。

「あなたはどうして、そんなに忙しく働くんだい?」

「お金を儲けるためさ」

「お金を儲けて、どうするんだい?」

「南の島に別荘を建てて、のんびり休暇を楽しむのさ」

「そんなことなら、私は毎日しているよ」

さて、これは笑い話である。でも、どうして笑い話になるのだろう。この話が笑い話として成立するためには、ある前提が必要だ。それは読者が、「南の島でのんびり暮らしている人」よりも「都会の大企業の社長」の方が、何らかの意味で「上」であると考えている、という前提だ。

たとえば、南の島でのんびり暮らすより大企業の社長になる方が、金持ちになって贅沢ができるに違いない、だから大企業の社長になりたい、と考えている人が、この話を読めば、笑い話として成立する。金持ちの「社長」の夢を、金持ちでない「南の島の人」が実現しているので、「あれ？」と首を傾げることになるわけだ。

もちろん、南の島の人に憧れるか、社長に憧れるかは、個人の価値観の問題だ。どちらがいいとか悪いとかいう問題ではない。ただ、「地球に住む生物」という観点から見れば、贅沢をしているのは、むしろ南の島の人だろう。

南の島で魚を捕ったり果物を採ったりして生活する、つまり狩猟採集によって生活するには、広大な土地が必要だ。人間の食料になる生物は、自然界にはそんなにたくさんは存在しないのだ。狩猟採集民一人が暮らしていくために必要な面積は、（いろいろな見積もりがあるけれど）だいたい0・5〜20平方キロメートルぐらいらしい。山手線の内側は、面積が約63平方キロメートルなので、狩猟採集で暮らしたら数人から百人ぐらいしか住めない。もちろん、この人数は気候などによって大きく変わるけれど、とにかく狩猟採集で暮らすには、広大な土地が必要なのだ。

そのため、狩猟採集によって暮らせる人数は限られている。これは南の島だけでなく、地球全体についても当てはまることだ。現在の地球には、およそ80億人以上の人間がいるが、これだけの人数を狩猟採集によって養う力は、地球にはない。人間が農耕や牧畜を始めたからこそ、これだけの人数が生きていくことができるのである。

ただし、これは結果論である。たしかに現在の洗練された農耕なら、同じ面積で比べた場合、狩猟採取よりも多くの食料が安定して得られるだろう。しかし、最初に農耕を始めた人が、農耕を狩猟採集よりもたくさん食料が得られる方法と考えていたかどうかはわからない。農耕には狩猟採集より長時間の労働が必要だし、収穫を得るのに何か月もかかる。その間に災害などが起これば、収穫がゼロになることさえある。そう考えれば初期の農耕は、むしろ割の合わない仕事だった可能性が高い。それではどうして、農耕を始める人がいたのだろう。

私も小学生のころ、雑誌の付録についていた種子を庭に蒔いて、植物の生長を観察したことがある。私はそこまでしか、やらなかった。しかし、もしも生長した植物から種子を採って、その種子を蒔いて再び植物を生長させれば、世代を超えて植物を育てることができる。そして、もしその植物が食べられれば、農耕まではもう一歩である。雑誌の付録についていた種子の中では、二十日大根などは食べられたことを思い出す。

もちろん雑誌の付録についていた種子は、高度に品種改良された植物である。自然界には、こんなに育てやすかったり食べやすかったりする植物はない。また、食料の大部分を農耕で作ろうと思ったら、それはそれで大変なことである。しかし、食料のほんの一部を作るだけなら、そして失敗して何も得られなくてもよいぐらいの気持ちで行うのなら、そんなに大変ではないだろう。農耕は大変だけれど、農耕の真似事なら、始めるのは割と簡単ではないだろうか。

農耕が始まったのはおよそ1万2000年前と言われるが、約2万3000年前の農耕の痕跡がイスラエルで発見されたという主張もある。おそらく数万年前から、ヒトは農耕の真似事を、何度もしていたのだろう。しかし、それは長続きしなかったのではないだろうか。

狩猟採集民は移動することが多い。一時的には定住することもあっただろうし、その間に農耕の真似事をしたかもしれない。しかし、おもな生活手段が狩猟採集であれば、本格的な農耕を始めるほど長くは定住しなかっただろう。

また、気候の問題もあるかもしれない。グリーンランドなどの氷床は、長い年月をかけて雪が降り積もることによって形成される。この氷床に円筒状の穴を掘って、取り出した円柱状のサンプルをボーリングコアと言う。こういうボーリングコアには、それが形成された当時の、気候の情報が残っている。こういうボーリングコアの情報から、約1万年前より以前は、地球の気候は寒冷で、しかも気温の変動が非常に激しかったことがわかった。こういう環境では、農耕を維持し発展させることは難しいだろう。何年もかけて農地を整備して、農耕がうまくできるようになったとしても、大きな気候変動が起きれば、作物は気候に合わなくなり、全滅してしまうからだ。

一方、約1万年前より以降は、気候は温暖で、しかも非常に安定していたことがわかった。こういう気候であれば、農耕を維持し発展させることができる。おそらく数万年前からは、農耕の真似事が散発的に行われてきたかもしれない。しかし、農耕が継続的に行われて発展するようになったのは、約1万2000年前以降なのだろう。約1万2000年前はまだ寒かったけれど、それから気候は温暖に向かっていったし、気候の変動もそれほどは激しくなかったようだ。そのため、人類は初めて、途切れずに長続きする農耕を始められたのではないだろうか。

こうしてヒトは農耕を始め、それと前後して定住や牧畜も始められた（おそらく定住がはじまったのは農耕より早い。メソポタミアで定住がはじまったのは、おそらく1万3000年ほど前と考えられている。現在の狩猟採集民でも、食料が豊かなところでは定住している場合がある）。定住・農耕・牧畜によって、ヒトは狩猟採集時代の限界を超えて、人口を増やすことができるようになった。しかし、数が増えたのは、ヒトだけではなかった。定住・農耕・牧畜によって、感染症も増大したのである。

感染症のゆりかご

先史時代のヒトは、比較的健康な生活を送っていたと考えられる。とはいえ、完璧に健康だったというわけではない。

チンパンジーやゴリラは、結核やマラリアなど、ヒトと共通の感染症をもっている。その理由として、ヒトとチンパンジーとゴリラの共通祖先が、すでにそれらの感染症をもっていた可能性が考えられる。そのため、結核やマラリアには、先史時代のヒトも悩まされていたかもしれない。

また、炭疽《たんそ》やボツリヌス症は、感染した動物の肉を食べることなどによって感染する。ヒトからヒトへの感染はないが、致死率の高い危険な感染症であり、先史時代のヒトにとっては恐ろしい病気だったろう。また、寄生虫や関節炎には、先史時代のヒトも悩まされていたようだ。

しかし、これらを除けば、先史時代の人はわりと健康な生活を送っていたようだ。そして、定住・農耕・牧畜が始まると、健康状態が悪化した可能性が高い。しかし、人口が増えれば、そんな贅沢は言っていられない。定住・農耕・牧畜は、ある程度はやむをえない選択だったはずだ。

ともあれ、増加した人口が、感染症にとって素晴らしい環境だったことは間違いない。メソポタミア文明は、感染症が繰り返し流行するために必要な人口を、初めて持った文明と言われている。

また、野生動物の家畜化は、ヒトと動物の距離を縮め、さらに動物の排泄物に接する機会も増やすことになった。そして、その結果、多くの感染症が動物からヒトに広がった。麻疹(「ましん」あるいは「はしか」と読む)はイヌまたはウシ、天然痘はウシ、百日咳はイヌまたはブタ、インフルエンザは水鳥に由来すると考えられている。

このような感染症に晒されるようになったヒトは、それに対抗するように進化した可能性が高い。ヒトの母乳には、免疫グロブリンなどの多くの免疫分子が含まれている。

これらは乳児を感染症から守る意味がある。一方、チンパンジーやゴリラの母乳には、これらの免疫分子はほとんど含まれていないので、ヒトの系統だけで母乳は感染症に対して進化したと考えられる。おそらく多くの感染症に晒されてきた1万年ほどのあいだに、免疫分子が多く含まれる母乳が自然淘汰によって選択されたのだろう。ヒトは今も、進化し続けているのである。

流行を収束させるには

感染症によって人類が絶滅することはあるのだろうか。これまでに3つのケースについて検討してみた。抗生物質が効かない病原体が出現すること、病原体が強毒化すること、文明によって感染症が増加すること、の3つである。ただし、これらの場合、人類が絶滅する可能性は低そうだ。とはいえ、絶滅はしなくても、甚大な被害がもたらされる可能性はある。感染症を甘く見てはいけないことは、もちろんである。

さて、これまでは、病原体を人類の敵として考えてきた。もちろん、そういう面もあるのだが、そうでない面もある。まずは病原体による感染症について、基本的なことを確認しておこう。

一人の感染者が感染させる人数のことを再生産数という。再生産数が10の場合、最初は感染者が一人だったとしても、その人から10人が感染し、その10人それぞれが、さらに10人ずつに感染させることになる。つまり、新規感染者は一人から10人、そして100人へと、急激に増加する。

さて、感染した人はどうなるかというと、おもに2つの道を辿る。一つは、その病原体に対する免疫を獲得することだ。免疫を獲得すれば、再びその病原体に感染することはない（ただし免疫も完璧ではないので、まれには再び感染することもある。しかし、ここでは単純化して、再び感染することはないと考えよう）。そして、もう一つは、残念ながら死亡することだ。死亡した人は集団から抜け落ちてしまうから、結局集団には、免疫を持つ人と持たない人の2種類が混在することになる。

ところで、再生産数には、基本再生産数と実効再生産数の2種類がある。基本再生産数とは「一人の感染者が、免疫を持った人がいない集団の中で感染させる人数」のことで、実効再生産数とは「一人の感染者が、すでに感染が広がっている集団の中で感染させる人数」のことである。

集団の中で免疫を持つ人が増えてくると、とうぜん再生産数は減っていく。基本再生産数が10人であっても、集団の半分の人が免疫を持っていれば、再生産数は10人の半分で5人になる。そして、もしも再生産数が1未満になれば、感染症の流行は収束していく。

たとえば再生産数が0・5であれば、集団の中に新規感染者が千人いたとしても、そこから生じる二次感染者は500人、250人、125人、というように、だんだんと減っていくからだ。

つまり、感染症の流行を収束させるためには、再生産数が0になる必要はなく、1未満になればよいということだ。言葉を換えれば、全員が免疫を持っていなくても、一定数以上の人が免疫を持っていれば、感染症の流行は起こらないのである。

生活習慣が基本再生産数を減少させる

再生産数が1未満であれば、感染は収束することを述べた。ということは逆に言えば、再生産数が1を超えれば、感染は拡大するということだ。この再生産数は、病原体の感染のしやすさに大きく影響されるけれど、それだけで決まるわけではない。

たしかに病原体によって、感染力の強さは異なる。後天性免疫不全症候群（エイズ）を発症させるヒト免疫不全ウイルス（ＨＩＶ）は、インフルエンザウイルスより、感染力が弱い。だからと言って、ＨＩＶの方がインフルエンザウイルスより、いつも再生産数が少ないとはかぎらない。

再生産数はいくつかの要因によって決まる。もちろん病原体自体の感染力の強さにもよるが、生活の仕方も重要な要因である。マスクをする、あるいは手洗いをすることによって、再生産数は少なくなることが多い。

センメルヴェイス・イグナーツ（センメルヴェイスが姓でイグナーツが名、１８１８〜１８６５）というハンガリー人の医師がいた。彼はウィーンの病院で、産褥《さんじょく》熱の原因を調べていた。

産褥熱というのは、分娩後に見られる性器の細菌感染による疾患で、38度以上の発熱が２日間以上続くものを言う。当時は産褥熱によって亡くなる産婦が少なくなかったのである。

センメルヴェイスの勤めていた病院では、産科病棟が2つに分かれていた。不思議なことに、その2つの病棟の間では、産褥熱による産婦の死亡率に違いがあった。年間の死亡率は、第一病棟では7～16パーセント、第二病棟では2～8パーセントであった（佐藤裕〔2006〕手術管理、感染対策―産褥熱の征圧に挑んだSemmelweissの悲劇。臨床外科Vol.61, No.6, pp.808-809.より）。

2つの病棟で行われていた分娩の技法は同じであったが、それを行う人は異なっていた。第一病棟ではおもに医師が、第二病棟では助産師が働いていたのである。第一病棟での分娩の際には、死体解剖室にいた医師が呼ばれることもあった。医師は手洗いをすることもなく、手に死体の匂いがついたままで、分娩に携わることもあったらしい。

当時は、まだ産褥熱の原因はわかっていなかったが、センメルヴェイスは未知の粒子が産褥熱を引き起こすと考えた。そこで、死体解剖室から出たときや、ある患者の診察から別の患者の診察に移るときには、次亜塩素酸カルシウムで手を洗うように指示した。その結果、第一病棟における産褥熱の死亡率を、1パーセントまで下げることができたのである。

しかし、当時はセンメルヴェイスの考えが認められることはなかった。未知の粒子が病気を引き起こすというセンメルヴェイスの考えは、体液のバランスが崩れることによって病気が起こるという当時の考えと相いれなかったことも理由の一つだ。また、センメルヴェイスの考えが正しいとしても、診療前に毎回手を洗うのは煩雑すぎると反論する医師もいた。診療前に手を洗うのが面倒だなんて、今では考えられない意見である。

結局、センメルヴェイスは医学界から反発を招き、精神病院に入院させられ、不遇のうちに死亡する。気の毒なことに、センメルヴェイスの考えが認められたのは、彼が死んだ後のことであった。

現在では、センメルヴェイスの業績は、世界中で高く評価されている。２０１８年には、日本の渋谷にある日本赤十字社医療センターに、センメルヴェイスの胸像が設置された。生誕２００年を記念してのことであった。

このように、手洗いなどの生活習慣によって、病原体の再生産数を減少させることができる。また、さきほどは、定住や農耕によって人口が増加し、それが感染症を増加させたことを述べた。これは逆に、再生産数が増加した例と言える。再生産数は、病原体自体の感染力の強さだけでは決まらないのである。

幸運なウイルス

以上に述べたように、感染の仕方は病原体の性質だけでなく、私たちの対処の仕方によっても変化する。近年では交通手段の発達によって、感染症の流行から隔絶された社会がなくなりつつある。現在の地球が、世界規模で感染症が流行しやすいシステムになっていることは疑いない。

麻疹は、麻疹ウイルスによって発症する病気である。発症すると高熱が出て、体には発疹が生じる。この発疹が麻の実に似ていることから麻疹と呼ばれるらしい。そして、この麻疹ウイルスは、幸運なウイルスだった（幸運というのは、人類にとってではなくウイルスにとってである）。

以前は、人類社会に感染症が流行しても、しばらくするとその感染症は消えていった。感染症が続いていくためには、新たに感染できる個体が、いつも準備されていなくてはならない。しかし、人口が少ない（あるいは人口密度が低い）と、そういう個体をいつも準備しておくことは難しい。もしも、すべての個体が免疫を獲得すれば、新たに感染できる個体がいなくなってしまうので、病原体は居る場所を失う。そうして、しばらくすると、感染症は消えてしまったのである。

あるいは、強毒性で感染力が強い感染症の場合は、人口が少ない集団を全滅させることもあっただろう。感染するための宿主が全滅すれば、病原体自身も存続することができない。そのため、この場合も、感染症は消えてしまうことになる。どちらにしても、人口が少ないと、感染症は長期間にわたって存続することが難しいのである。

しかし、麻疹ウイルスは消えなかった。記録によると、麻疹ウイルスは紀元前3000年頃にメソポタミアで流行したようだ。当時のメソポタミアには、数万人規模の都市もかなりあり、感染症を維持するために必要な人口に達していた。そのため、麻疹ウイルスは、定期的に流行を繰り返すことができた。そのため消えることもなく、約5000年の時を超えて、現在まで存在し続けているのである。

この5000年のあいだに、麻疹ウイルスは、人類に甚大な被害をもたらしてきた。

有名なものとしては、1875年のフィジー諸島における流行がある。

フィジーは1874年にイギリスの植民地になり、翌年フィジー王室はオーストラリアを公式に訪問した。そこでフィジー王ザコンバウとその息子たちは、麻疹に感染した。それから王たちは首都レブカのあるオバラウ島へ帰国し、そこで宴会が催された。宴会には、100以上の島々から族長が集まったと言う。そして族長たちがそれぞれの島へ帰ると、麻疹の流行がフィジー諸島全域に広がり始めた。3か月のあいだに、全人口約15万人のうちの約4万人が死亡したというから、凄まじい流行だ。

しかし、現在では、1875年のフィジー諸島のような大規模な悲劇が、麻疹によって引き起こされる可能性は低い。なぜなら麻疹は、20世紀半ばのグリーンランドにおける流行を最後に、ほぼ世界の全域に到達し終えたからだ。その結果、世界中のほぼすべての集団が、集団免疫を獲得したと考えられる。

現在では、麻疹は子供の病気というイメージが強い。麻疹は、子供にも大人にも同じように感染するのに、なぜ子供が麻疹にかかることが多いのだろうか。

麻疹に感染するのは、麻疹に感受性がある（＝麻疹に対する免疫などがない）人である。麻疹に免疫がある人々の中に、麻疹感受性の人が新たに参入すれば、麻疹に感染するのは、当然その新規参入者ということになる。そして、現在の社会で、この新規参入者に当たるのが、新たに生まれてくる子供なのだ。

現在の社会では、予防接種などで多くの大人が、すでに麻疹に対する免疫を持っている。一方、子供は、まだ麻疹に対する免疫を持っていない。そのため、麻疹ウイルスが感染できるのは主に子供だけとなり、子供の病気のようなイメージが出来上がったのだろう。

子供の病気というイメージが出来上がるのは、悪いことではない。それは集団免疫を獲得して、ありふれた病気になったということを意味するからだ。

とはいえ、現在でも麻疹によって亡くなる人は、子供にも大人にもいるし、地域的な流行なら起きている。日本でも２００７年には、大学生のあいだで麻疹が流行し、いくつもの大学が休校になった。繰り返しになるが、たとえフィジー諸島のような大規模な悲劇は起きなくても、麻疹などの感染症を甘くみてはいけないのである。

生物には流れがある

さて、少し視点を変えて、生物の体について考えてみよう。

私たちの体には、いつも物質が流れ込み、そして流れ出ていく。たとえば、食事をすれば、その一部は体を作る材料として取り込まれる。一方、たとえば表皮の細胞は、垢《あか》として剥がれ落ちる。体の外に出すものとしては、便もある。便は、食物の残りカスだけではない。腸内細菌の死骸も含まれているし、消化管の内表面から脱落した細胞も含まれている。つまり、私たちの体の一部は、便として排出されるわけだ。

このようにして、私たちの体の成分は、少しずつ入れ替わっていく。つまり、生物の体の中を、物質がゆっくりと流れているわけだ。生物には、流れがあるのだ。子供のころの自分と、大人になった自分は、一応同じ人間だけれど、体を作っている材料という点から見れば、ほとんど別人である。それなのに、全体の形は（少しは成長したりして変わるけれど）あまり変わらない。何だか生物って不思議なものだ。

このように、流れの中で形を一定に保つ構造を散逸構造という。ロシア出身のベルギーの物理学者、イリヤ・プリゴジン（1917〜2003）が提唱した構造だ。プリゴジンは、この散逸構造の研究で、1977年にノーベル化学賞を受賞している。

グラスの水は平衡状態

一方、物質は動いているのに、「流れ」がない場合もある。水が入ったグラスを考えてみよう。しばらく見ていても、グラスの中の水には何の変化も起こらない。水の量も変わらない。何も動いていない、静かな状態に見える。

しかし、何も動いていないのは見かけだけで、分子レベルでは動的な状態、つまり分子が活発に動き回っている状態である。液体中の水分子の一部は、空気中へ飛び出す。空気中の水分子の一部は、液体の水に飛び込む。飛び出す数と飛び込む数が同じなので、見かけ上は何も動いていないようにみえる。こういう状態を平衡状態という。

平衡状態は動的な状態だが、そこに流れはない。流れとは、たとえば川の水のようなものだ。川の水分子の中には、上流に向かって動くものもある。しかし、下流に向かって動く水分子の方が、圧倒的に多い。したがって、全体的にみれば、川の水分子は下流に向かって動いているように見える。こういう状態が流れである。

一方、グラスの水の場合は、飛び出す数と飛び込む数が同じである。したがって、全体的に見れば、打ち消し合っている。つまり、流れはないのである。

しかし、生物には流れがある。流れがあるものは、非平衡状態である。ここまでは物質の流れについてだけ述べてきたが、生物には物質の流れの他に、エネルギーの流れもある。物質やエネルギーが入っては出ていく流れのなかで、生物は一定の形を保っている。つまり、散逸構造をしている。プリゴジンも生物が散逸構造であることには気づいていて、いろいろと考察している。

さきほど例に挙げたグラスの中の水は、平衡状態だった。平衡状態なら、形が変わらなくても不思議はない。流れがないのだから、つまり流入してくる分子と流出していく分子の数が等しいのだから、形が変わらなくて当然である。

しかし、非平衡状態なのに、つまり流れがあるのに、形が変わらないのは不思議である。非平衡状態なのに形が変わらない散逸構造の例としては、生物の他にガスコンロの炎がある。ガスコンロの炎はだいたい楕円形で、先が細くなった形をしている。しばらく見ていても、炎の形に変化はない。しかし、変化しないのは見かけだけで、物質やエネルギーは激しく流れている。ガス（主成分はメタン）や酸素が流入して、二酸化炭素や水（水蒸気）が流出していく。そして感染症も、広くて長い目で見れば、コンロの炎のようなものである。

感染症にも流れがある

感染症を起こす病原体には、細菌やウイルスなどが含まれる。それらはすべて、進化する。ヒトに感染すれば、ヒトという環境に適応するように進化していく。「適応する」とは「より多くの子孫を残す」ことを意味する。

たいていの病原体は、最初は他の動物からヒトに感染する。もちろん他の動物の病原体は、その動物に適応しているので、ヒトという別の環境に移住したときには、適応できずに死んでしまうことが多い。ヒトと他の動物では、免疫システムも体内の化学反応も、そしてシラミなどの感染症を媒介する生物の種類も異なるからだ。だから、他の動物の病原体は、ヒトに感染しないことが多い。

とはいえ、病原体にも変異がある。たとえば、同じ結核菌であっても、それぞれの結核菌が完全に同じというわけではない。少しはDNAなどに違いがあり、その結果、少しずつ性質が違ういろいろな結核菌がいるわけだ。そのなかで、たまたまヒトという環境で、なんとか生きていける結核菌がいれば、ヒトへの感染が始まることになる。

もっとも、ヒトに感染できるようになっても、それだけで病原体の未来が保証されるわけではない。なぜなら、ヒトに感染するようになった病原体の多くは、すぐに絶滅してしまうからだ。歴史上、突然現れてすぐに消えた感染症は、たくさんある。なかでも粟粒熱《ぞくりゅう》は有名である。

粟粒熱は1485年にイギリスで発生した。薔薇《ばら》戦争における重要な戦闘であるボズワースの戦いに勝利したヘンリー・チューダー（後のヘンリー7世）は、1485年8月にロンドンに凱旋《がいせん》した。この凱旋とともに、粟粒熱はロンドンに広まった。症状は突然の悪寒から始まり、発熱と発汗が生じる。重症の場合は意識不明となり死亡する。2

か月ほどのあいだにロンドンでは数千人が死亡し、ロンドン市長も犠牲になったという。この粟粒熱は15～16世紀にかけて何度かヨーロッパで流行し、多くの被害を出したが、17世紀以降は発生していない。姿を消した感染症の代表的なもので、現在でも原因はわかっていない。

しかし、感染症のなかにはうまくヒトに適応し、長期間にわたって存在し続けるものもある。前に述べた麻疹はその例だ。もちろん麻疹ウイルス自身がうまくヒトに適応するように進化したことが原因だが、ヒトの人口が増えたことも追い風となったことは、すでに述べたとおりである。

ただし、長期間にわたって存在している病原体も、いつかは姿を消す。永遠に存在し続ける感染症なんてないのだ。

新たに出現する感染症と、消えていく感染症。そのあいだに、ひとときの流行を（病原体の立場から見て）謳歌しているのが現在の感染症である。流行を謳歌している時間は、まちまちだ。短い場合も長い場合もある。しかし、どんなに長くても、永遠というわけにはいかない。

次から次へと、新しい感染症が出現する。そして、次から次へと感染症が消えていく。つまり感染症は、ヒトの集団の中を流れていく。流れていくのだから、感染症は非平衡状態だ。現在の感染症は、その流れを現在という時間面で切り取ったものと言ってよいだろう。

次々に新しい感染症が現れるのは確率の問題なので、おそらく逃れるすべはない。世界にはさまざまな病原体がいる。そのすべての病原体は、いつも進化している。つまり、すべての病原体は、いつも性質を変化させている。その中には、たまたまヒトという環境にマッチするように、変化してしまうものもいるだろう。そんな病原体がたくさんいたら、それを避けて生きていくことは不可能だ。もしも、水が1滴か2滴落ちてくるだけなら、それをよけることは不可能ではない。しかし、雨が降っているときに、雨粒をすべてよけて歩くことは不可能なのだ。

私たちは、いつも感染症の雨の中を歩いている。だから私たちは、いつも感染症の雨に濡れている。そして、新しくヒトに感染するようになった病原体のほとんどは、ヒトの体にうまく適応していない。そのため、病原体が絶滅することもあるし、反対にヒトを殺してしまうこともある。感染症が危険なのは、ヒトと病原体が最初に出会ったときだ。しかし、そういう時期を乗り越えてヒトに適応した病原体は、自らもヒトの体内で穏やかに存続し続け、ヒトを殺すこともほとんどない。しかし、そうして長いあいだヒトに感染し続けた病原体も、いつかは新しい病原体にヒトの体を譲って消えていく。

私たちは、そういう感染症の流れの中で生きていくしかない。しかし、定住や農耕は、その流れを速くした。現在の文明は、交通機関の発達などによって、感染症の流れをますます速くしつつある。つまり、病原体との新しくて危険な出会いを増やしつつあるのだ。

感染症によって人類が絶滅する可能性を、3つのケースについて考えてみた。それは、抗生物質が効かない病原体が出現すること、病原体が強毒化すること、文明によって感染症が増加すること、の3つであった。その中で、可能性がもっとも高いのは、どうやら3つめのケースのようだ。もしかしたら本当に危険なのは、感染症ではなくて文明なのかもしれない。

第4章　どこまでが私たちの体か

太陽は少しずつ明るくなっている

形あるものいつかは壊れ、命あるものいつかは死する。永遠に変わらないものはない。それは人の世の話だけではない。おそらく、すべてのものに当てはまることだろう。

空に輝く太陽だって、例外ではない。たしかに太陽の一生は、人の一生に比べたら、桁違いに長い。だから、人が一生のあいだに観察できる太陽は、変化していないように見える。でも、もっと長い時間スケールで考えれば、太陽も少しずつ変化している。たとえば、地球ができたころの太陽は、今より30パーセントぐらい暗かった。それから少しずつ、明るさを増してきた。太陽でさえ、同じ明るさで輝き続けることはできないのである。

ところで、地球の気候は、太陽が放出するエネルギーに影響されている。太陽が暗ければ放出するエネルギーも少ないはずなので、当然、地球が受け取るエネルギーも少なくなるはずだ。ということは、昔の地球は寒かったのだろうか。地球が生まれたのは約45・5億年前だが、太陽が暗かったことを考えれば、約20億年前まで地球は凍りついていてもおかしくなかったという計算もある。しかし、地質学的な研究から、実際にはそうでなかったことが明らかになっている。

生命が誕生したのはおよそ40億年前だが、それ以降の地球には、たいてい液体の水を湛《たた》えた海があり、温暖な気候が維持されてきた。一時的には地球のほぼ全域が凍りつくスノーボールアース状態になったこともあるけれど、だいたいにおいて地球は生物が生きていける温暖な環境を、40億年という長期間にわたって保ってきたのである。

考えてみれば、これは不思議なことだ。アメリカの有名な惑星科学者であったカール・セーガン（1934〜1996）は、この現象を「暗い太陽のパラドックス」と呼んでいた。このパラドックスを説明する仮説はいくつかあるが、その一つとして温室効果ガスの量で説明する仮説がある。

地球には、常に太陽からエネルギーが降り注いでいる。もしも地球が太陽からエネルギーを吸収するだけなら、地球の気温はどんどん高くなってしまう。しかし実際には、吸収するのと同じ量のエネルギーを、宇宙空間に熱エネルギーとして放出している。そのため、地球の気温は際限なく高くなったりしないのである。つまり、地球の気温がほぼ一定なのは、吸収するエネルギーと放出するエネルギーが、釣り合っているからだ。放出する熱エネルギーは、主に赤外線の形で宇宙空間に放出されている。しかし、地球の大気中には、この赤外線を吸収する気体が含まれており、それらは温室効果ガスと呼ばれている。具体的には、二酸化炭素や水蒸気やメタンなどが、温室効果ガスである。

この温室効果ガスが増加すれば、吸収される赤外線が増えるので、宇宙空間へ放出される熱エネルギーが減る。その結果、地球の気温は上昇する。逆に、温室効果ガスが減少すれば、吸収される赤外線が減るので、宇宙空間へ放出される熱エネルギーが増える。その結果、地球の気温は低下する。つまり、温室効果ガスの量によって、地球の気温は変化するわけだ。近年の地球は温暖化が進んでいるが、その有力な原因の一つとして、温室効果ガスである二酸化炭素の増加が指摘されている。

さて、初期の太陽は暗かったので、地球に届くエネルギーも少なかった。そのため、もし地球が現在のような大気を持っていたら、地球は凍りついてしまっただろう。しかし、もし大気中に二酸化炭素がたくさんあれば、宇宙空間へ逃げる熱エネルギーが少なくなるので、地球の温度は上昇するはずだ。そして実際に、初期の地球の大気には二酸化炭素が大量にあったらしい。ある研究では約10気圧程度の二酸化炭素があったと見積もられている（ちなみに現在は約0・04気圧）。大気中の二酸化炭素の量が多かったので、温室効果が強くはたらき、太陽光の不足を補っていたというのである。

地球に生物が棲み続けられた理由

昔は太陽が暗かったけれど、地球の大気中に温室効果ガスが多かったので、地球は温暖だった。今は太陽が明るいので、温室効果ガスが少ないけれど、地球は温暖である。そういうことを前節で述べたが、これだけでは、まだ疑問が残る。

地球の環境は40億年ぐらいの間、かなり一定に保たれてきた。だからこそ、生物が生き続けてこられたわけだが、そのためには、太陽が明るくなるにつれて温室効果ガスが減るだけでは十分ではない。ちょうど適切な量だけ、減らなければならないのだ。減る量が多すぎれば寒くなってしまうし、減る量が少なすぎれば暑くなってしまう。太陽が明るくなる効果をちょうど相殺するように、温室効果ガスが減っていかなければならない。しかし、そんなうまい話があるだろうか。

有名な温室効果ガスとしては、二酸化炭素の他にメタンや水蒸気がある。そこで、まずメタンについて考えてみよう。メタンはメタンハイドレートの形で、大陸周辺の海底や陸上の永久凍土地帯に存在する（日本近海にも大量のメタンハイドレートが埋蔵されているらしい）。メタンハイドレートは、メタン分子を水分子が囲んだ形の分子で、低温かつ高圧のときに安定して存在する。見た目は氷に似ているが、火をつけると燃えるので、「燃える氷」とも呼ばれている。

さて、地球の気温が少し上がったとしよう。すると、海底や永久凍土地帯のメタンハイドレートが溶けて、メタンが生じる。その結果、大気中のメタンが増加する。メタンは温室効果ガスなので、気温を上げる効果がある。そのため、地球の気温はますます上がってしまうだろう。

このように、メタンは環境を不安定にさせる。気温が上がれば、さらに気温を上げるように作用するし、気温が下がれば、さらに気温を下げるように作用する。気温を一定にさせる力など、なさそうだ。したがって、地球の環境を安定させていたのが温室効果ガスだとしても、それはメタンではないだろう。しかし幸いなことに、メタンは大気中では長く存在することができない。地球の気候が安定していたのは、むしろメタンが大気中に少なかったおかげかもしれない。

フィードバックという仕組みがある。これは、結果が原因に影響する仕組みのことだ。結果が原因を促進するときは「正のフィードバック」、結果が原因を阻害するときは「負のフィードバック」と言う。メタンの場合は、結果（メタンの生成）が原因（気温の上昇）を促進するので、正のフィードバックということになる。しかし、環境を安定させるためには、負のフィードバックが必要である。

現在の地球全体の平均気温は、およそ14度である。しかし、もし大気中から温室効果ガスがなくなったら、平均気温はマイナス19度まで下がってしまう。温室効果ガスのおかげで、地球の気温は33度も高くなっているのである。この気温の上昇にもっとも貢献しているのはメタンや二酸化炭素ではなく、実は水蒸気である。

この水蒸気も、地球の気温に関して、正のフィードバックとして働くと考えられている。気温が上がれば、海水が蒸発して水蒸気が増える。すると、ますます気温が上がるからだ。

一方、二酸化炭素は、負のフィードバックとして働くと考えられている。まずは、二酸化炭素が地球を循環する仕組みを、簡単に見てみよう。

二酸化炭素は火山活動によって、いつも地球内部から大気中に供給されている。大気中の二酸化炭素は雨に溶けて炭酸になり、地表に降り注ぐ。雨が陸上に降った場合は、炭酸が岩石を溶かすという化学的風化が起きる。そして、岩石から溶け出したカルシウムイオンなどが、海へと流れ込む。海では炭酸とカルシウムイオンから石灰岩が形成され、海底に堆積する。海底はやがて大陸の下に沈み込み、高温高圧状態で石灰岩が分解されて、二酸化炭素になる。そして、火山活動によって、大気へと戻るのである。

このようにして二酸化炭素は形を変えながら、地球を循環しているのだが、ここで気温が少し上がった場合を考えよう。

一般に、化学反応は温度が上がれば促進される。そのため、気温が上がると、化学的風化が促進される。つまり、大気中の二酸化炭素がどんどん消費されて、石灰岩が増える。すると、大気中の二酸化炭素が減って、気温の上昇にブレーキがかかることになる。

気温が下がった場合は、この逆になる。

二酸化炭素は、負のフィードバックとして働くので、環境を安定させる力がある。数十億年にわたって地球の環境を安定させてきた原因（の一つ）として可能性があるのは、二酸化炭素ということになる。

ただ、ある見積もりでは、大気や海洋の二酸化炭素が入れかわるのに、だいたい50万年かかるという。地球の歴史としては一瞬かもしれないが、人間の感覚では、ずいぶんのんびりとした話だ。私たちヒト（学名はホモ・サピエンス）が地球上に現れてからだって、まだ約30万年しか経っていないのだ。ここ数百年の二酸化炭素の増加による地球の温暖化とは、別の話と考えた方がいいだろう。

二酸化炭素の減少

太陽は誕生以来、少しずつ明るくなってきた。それにもかかわらず、地球の気温はおよそ40億年の間、だいたい一定に保たれてきた。その原因の一つとして、二酸化炭素による調節を挙げた。太陽が明るくなって気温が上がれば、大気中の二酸化炭素が減少して、気温の上昇にブレーキを掛けてきたのである。

でも、そろそろそれも限界だ。初期の地球の大気には、10気圧ぐらいの二酸化炭素があった。それが少しずつ減ってきて、現在は約0・04気圧しかない。さすがに、これ以上は減らすことは難しい。しかし太陽は、今でも少しずつ明るくなり続けている。二酸化炭素が大気中からほとんどなくなって、負のフィードバックが効かなくなれば、地球の気温は確実に上昇し始めるだろう。

しかも、二酸化炭素がこれほど少なくなると、問題は気温だけにとどまらない。植物や藻類などが行っている光合成は、二酸化炭素を材料としている。あまりにも二酸化炭素が少なくなれば、光合成が行えなくなって、植物や藻類は絶滅する。そうなれば、植物や藻類を食べて生きている生物も、生きていけなくなる。もちろん、その中には、私たちも含まれる。

さらに、太陽が明るくなって気温が上がれば、地表から蒸発する水分が増えていく。そして、地表はだんだん乾燥していく。その結果、おそらく10億年（もしかしたら20億年）ぐらい経てば、地球から海はなくなって、カラカラに乾いた惑星になってしまう可能性が高い。そうなれば、すべての生物は死に絶えて、地球は死の世界になるだろう。

地球の生命の歴史は50億年

地球はこれからも50億年以上、太陽系の惑星として存在し続けるだろう。地球が誕生したときから考えれば、１００億年以上の長きにわたって、地球は太陽系の惑星であり続けることになる。そして最後は、赤色巨星となった太陽に飲み込まれて、地球はその一生を終えるのだ。

しかし、それよりもずっと前、おそらく約10億年後には、気温の上昇によって地表にあった液体の水はすべて蒸発し、地球における生物の歴史は終わる。つまり地球の歴史は、約45・5億年前から約50数億年後までのおよそ１００億年だが、生物の歴史はそのうちのだいたい半分、約40億年前から約10億年後までの約50億年ということになる。私たちが生きている現在は、地球の生命の歴史のだいたい五分の四が終わった時点ということだ。残りは五分の一、およそ10億年だ。

地球の生命の物語は、これで終わりになる。とはいえ、それまでには、まだ10億年もある。だんだん環境は悪くなっていくかもしれないが、その中で生き残っていくのはどんな生物だろうか。

第2章で、体が小さい方が生き残りやすい、という話をした。体が小さければ食料が少しで済むし、何かあったときに隠れる場所もたくさんある。そして何よりも、個体数が多いことが重要だ。たとえば、ある広さの空間があったとしよう。そこには、ゾウなら1頭しか棲めなくても、細菌なら何兆匹も棲むことができる。その場合、絶滅しにくいのは、もちろん細菌の方だ。したがって、温度が上昇し、水が減少していく将来の地球では、まず大きな多細胞生物がいなくなるだろう。そして最後まで生き残るのは、きっと細菌のような生物だろう。

しかし、細菌のような生物が生き残る理由は、それだけではない。忘れがちなことだが、細菌がいなければ、私たちは満足に生きていくことができない。私たちがいなくても細菌は困らないが、細菌がいなければ私たちは困るのである。

私たちの体は微生物だらけ

私たちはものごとを、つい目に見えるものだけで判断してしまう。もし一人で鏡の前に立てば、そこにはヒトが一人いるだけに見える。でも実際には、皮膚の上に微生物がうじゃうじゃと生息しているし、体の中にはさらに多くの微生物が棲んでいる。

考えてみれば、気持ちの悪い話だ。体の中も外も殺菌剤などできれいにして、微生物がまったくいない体になったら、さぞ爽快な気分だろう。つい、そんなふうに考えてしまうが、残念ながら、そういうわけにはいかないようだ。じつは私たちは、微生物がいないと、健康な生活を営むことができない。一人では満足に生きていくこともできないのだ。

ヒトの体には細菌などのさまざまな微生物が棲んでいる。それらの微生物を総称して「微生物叢《そう》（マイクロバイオータ）」と呼ぶ。「叢」というのは「草むら」や「植物群集」を意味する言葉なので、微生物に対して使うのは変な気もするが、これは昔の考え方の名残らしい。以前は、生物には、動物と植物しかいないと考えられていた。そして、細菌などの微生物は、植物に含まれると思われていたのである。

ちなみに、マイクロバイオータとは別に、マイクロバイオームという言葉もある。マイクロバイオームは、微生物そのもの（マイクロバイオータ）だけでなく、それらの生命活動全体を指す。とくに、マイクロバイオータを生態系として捉えたり、微生物の種の組成は考慮しないでマイクロバイオータに存在するすべての遺伝子の集合を示したりするときに、よく使われるようだ。

私たちの人生は受精卵から始まる。受精卵は一つの細胞であり、この時点ではもちろん他の微生物は棲んでいない。その後も、母親の子宮には微生物がいないので、胎児は無菌状態で成長していく。しかし、出産時に産道をくぐりぬけるときに、母親の膣に共生している微生物が、体にくっついて増え始める。産まれた後も、母乳を飲んだり、家族に接したりするあいだに、子供のマイクロバイオータは拡大していくのである。

マイクロバイオータの代表的なものは細菌だ。私たちの体に棲んでいる細菌（常在菌と言う）は、口腔、鼻腔、胃、小腸、大腸、皮膚、膣などさまざまなところに生息している。その数は、私たちの細胞数（約40兆個）より多く、およそ100兆とも1000

兆とも言われる。もっとも、しばしば使われるこの見積もりは多すぎるのではないかという論文も出されているので、これは少し過大評価かもしれない。しかし、その場合でも、私たち自身の細胞と同じくらいの数はいるようなので、非常にたくさんの常在菌が棲んでいることに変わりはない。そして、その種類は、1000種を超えると考えられている。

常在菌の役割

細菌というと、あまりよい印象は受けない。それは、私たちの健康を脅かす病原菌が、まず頭に浮かぶからだろう。しかし、細菌の大部分は病原菌ではないし、とくに常在菌は私たちの敵ではなく、むしろ味方であることが多い。

有名な例としては、バクテロイデス・テタイオタオミクロン（*Bacteroides thetaiotaomicron*）という常在菌がいる。この常在菌は、私たちには分解するのが難しい植物性の多糖類を分解して、エネルギーを取り出した後、短鎖脂肪酸を排出する。この短鎖脂肪酸が私たちの栄養となる。そのため、この常在菌がいると、私たちは植物から効率よく栄養を吸収することができる。

また、私たちの免疫系においても、常在菌は重要な役割を果たしている。

私たちの周りには、細菌やウイルスがたくさんいる。今述べたように、これらの大部分は病原体ではない。とはいえ、もちろん病原体もいる。これらの病原体が私たちの体のなかに侵入するのを、最初に防いでくれるのが皮膚である。皮膚の細胞と細胞はぴったりと密着していて、細菌やウイルスでも通り抜けることができない。

しかし、たとえば怪我をして皮膚が切れると、そこから病原体が侵入してくる。すると、それに反応して近くの血管が広がり、血管壁がゆるんで、血液中の白血球が血管の外に出る。この白血球が病原体を排除するのだが、こういうシステムを免疫という。

さて、ある細胞の表面からAというタンパク質が突き出しているとしよう。Aはもちろん細胞の一部である。そのAに、外部から来たBという分子が結合する。Bはタンパク質でもよいし、タンパク質でなくてもよい。そのとき、Aを受容体、Bをリガンドという。

じつは白血球にも受容体がある。この受容体によって、私たちの体に侵入してきた病原体の種類を区別する。そういう受容体の一つがトル様《よう》受容体（ＴＬＲ）で、たくさんの種類がある。たとえば、ＴＬＲ３はウイルスと、ＴＬＲ４は細菌と、ＴＬＲ５は寄生虫と結合する。そうして、病原体の種類を知ったうえで、白血球は攻撃を始めるのである。

ハエなどの昆虫も（私たちとは少し違うけれど）免疫システムを持っており、トル様受容体もある。このトル様受容体を作るトル遺伝子が働かなくなっただけで、ショウジョウバエの体にはびっしりと真菌が生えてしまい、生きていくことができない。このように免疫はとても大切なものだ。

しかし、免疫システムが働きすぎるのも、じつはよくない。たとえば、私たちの社会でも、犯罪を取り締まるためには警察官が必要だろう。たしかに凶悪な犯罪を野放しにしたら、私たちは安心して暮らすことができない。しかし、警察官が妙に働きすぎるのもよくない。たとえば、歩行者が右側通行をするべき道で、ちょっと左側を歩いただけで射殺されたりしたら、それはそれで安心して暮らすことなどできない。

免疫システムにおいても事情は同じで、免疫の働きすぎを抑える仕組みが存在する。

さきほど述べたように、白血球には病原体を見つけて攻撃する働きがあるが、その働きを抑制する働きもあるのである。

免疫にかかわるT細胞は、骨髄で作られた細胞が胸腺に移動して、そこで一定の変化を経て作られる。このように、細胞の構造や機能が変化することを分化と言うが、T細胞はさらにいろいろな細胞へと分化する。その一つが制御性T細胞だ。この制御性T細胞が、病原体を攻撃するT細胞の働きを抑制するのである。

バクテロイデス・フラジリス（*Bacteroides fragilis*）などいくつかの常在菌には、この制御性T細胞を誘導する（T細胞から制御性T細胞へ分化させる）働きがある。制御性T細胞を誘導する力は、常在菌だけでなく、私たち自身にもあるけれど、常在菌の力を借りた方が、よりバランスよく免疫システムが働くようだ。

ただし、私たちは、マイクロバイオータがいないと生きていけない、というわけではないようだ。実際、（少なくとも検出可能な）マイクロバイオータがまったくいない無菌マウスというものが、実験用に作られている。母親の子宮の中は無菌状態なので、帝王切開あるいは子宮を切断することによって胎児を取り出し、無菌状態で飼育すれば、

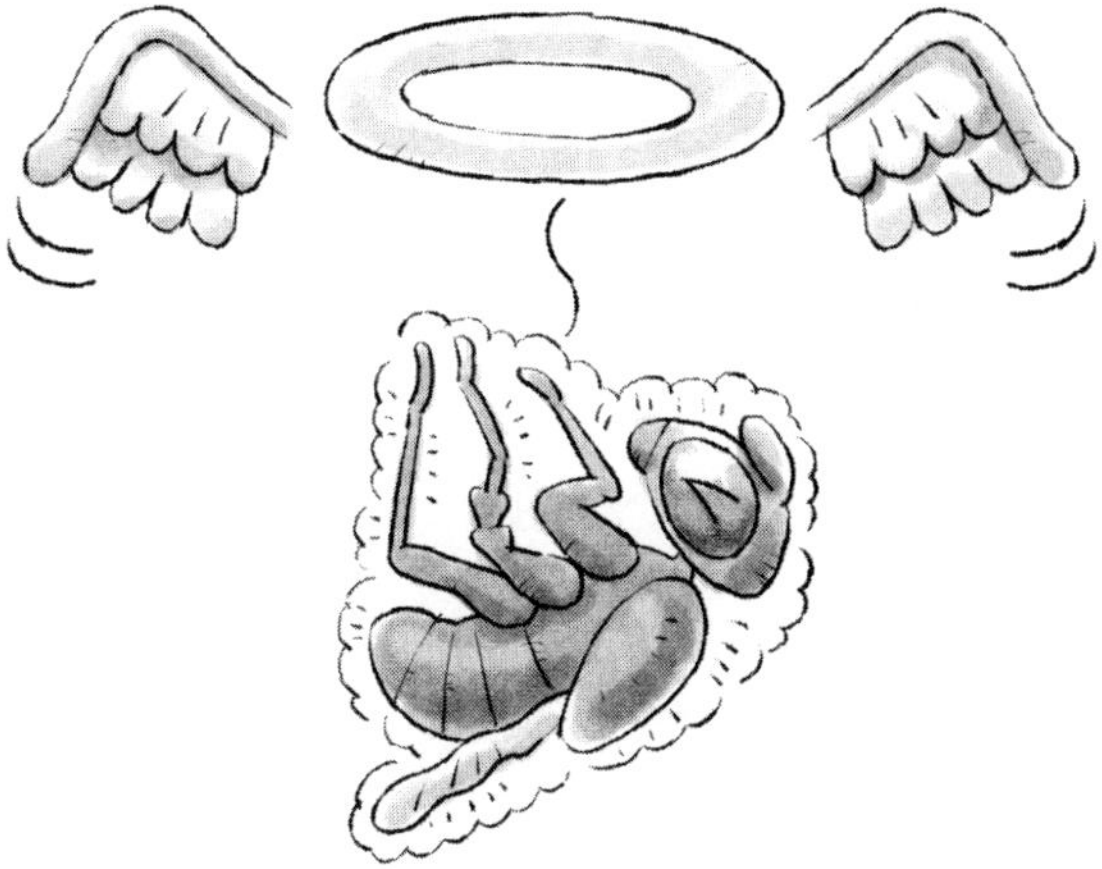

トル遺伝子が働かないショウジョウバエのイメージ。
体に真菌がびっしりと生えて死んでいる

無菌マウスができるのだ。無菌マウスでも、一応生きてはいけるのだから、マイクロバイオータが絶対に必要というわけではないのだろう。

ただし、無菌マウスは、通常のマウスより消化・吸収の効率が悪い。無菌マウスは通常のマウスより、腸壁の突起が少なく表面積が小さい。そのため、同じエネルギーを得るには、通常のマウスより30パーセントぐらい多くの食物が必要である。さらに、無菌マウスでは、制御性T細胞の機能が低下して、免疫がうまく働かないことも知られている。生きるだけならともかく、健康に暮らしていくためには、やはり常在菌が必要らしい。

しかし、そもそも私たちは、どうして常在菌に頼るようになってしまったのだろうか。そんなものに頼らずに、自分の体一つで生きていくことはできなかったのだろうか。

何もかも自分でする必要はない

さて、ここで視点を変えて、自分の周りを眺めてみよう。たとえば、私は、いま部屋の中にいる。部屋には、机や椅子やテレビやパソコンなど、いろいろなものがある。でも考えてみれば、これらの中で、私が最初から一人で作れるものなど、ただの一つもない。

もしかしたら、読者の中には、「私は一人で椅子が作れる」と言う方がいるかもしれない。でも、本当だろうか。木製の椅子なら、まず、木を切らなくてはならない。でも、どうやって切ればよいのだろう。チェーンソーのような機械を自分一人で作るのは無理だろうし、鋸《のこぎり》だって難しいだろう。いや、そもそも机の材料にする木が生えているところまで行くのだって大変だ。本当に自分一人の力で行くとなれば、車だってないし、靴もないのだ。いや、さらにそれ以前に、手頃な木がどこに生えているかさえ、わからない。自分一人で何でもやるのであれば、他人が作った地図や情報に頼るわけにはいかないからだ。

私がいつも何気なく使っているものの中で、自分一人で作れるものは一つもない。これは逆に言うと、私が何気なく使っているものはすべて、多くの人が協力して作ったものだ、ということだ。

自分一人で何でもやろうと思うより、いろいろな人と協力してやる方が、効率もよいし、完成したものの質も高くなるし、技術も進歩するだろう。そして、これは、体の中のさまざまな現象や遺伝子にも当てはまる。

私たちが遺伝情報を子供に伝える方法は、二通りある。一つはＤＮＡの塩基配列で伝える方法で、もう一つはＤＮＡの塩基配列以外で伝える方法だ。後者のことをエピジェネティクスという。

エピジェネティクスにはいろいろなものがあり、ＤＮＡだけでなくタンパク質が関係することもある（ヒストンというタンパク質にアセチル基がつくアセチル化など）が、一番有名なものはＤＮＡにメチル基がつくメチル化である。

しかし、情報量が多くて安定しているのは、やはりＤＮＡの塩基配列である。ところが、この塩基配列を変化させて、何かの役に立つ遺伝子を作ろうとしたら、かなり大変だ。塩基配列の中のどの塩基が突然変異によって変化するかは偶然による。うまい具合に突然変異が起きるまでには、かなり時間がかかる。そして、その突然変異が自然淘汰によって多くの個体に広がっていくためには、さらに時間が必要だ。

それよりも、もっとうまい方法がある。細菌にはいろいろな種類があるので、中には都合のよい遺伝子を持っているものもいるはずだ。そういう細菌と一緒に暮らせば、よいのだ。そうすれば、仕事は細菌がやってくれるし、もし新しい仕事が入ったら、また新しい細菌をリクルートすればよい。そうして私たちと共生するようになったのが、常在菌なのだろう。

どこまでが一個体の植物なのか

アメリカのモハーベ砂漠には、クレオソートブッシュという植物が生えている。高さが1~2メートルほどの低木で、葉からクレオソートのような刺激臭がするのが名前の由来だ。このクレオソートブッシュには、1万1700年も生きている個体がいると言う。

長生きの植物といえば、アメリカの高地に生えているブリスルコーンパインが有名である。高さが3メートル、直径が2メートルほどの樹木で、巨木というほど大きくはないけれど、5000年近く生きている個体がいる。しかし、クレオソートブッシュの年齢が本当なら、ブリスルコーンパインの2倍以上になる。

一つの種子から発芽したクレオソートブッシュは、周囲に枝を広げたり根を下ろしたりして、同心円状に広がりながら生長していく。そうして広がっていくにつれて、中心に残った古い幹は枯れてしまう。そのため、クレオソートブッシュは、ドーナツ型の茂みになっていることが多い。このドーナツが、だんだん広がっていくのである。しかし、これを一つの個体と考えてよいのだろうか。

もしも、クレオソートブッシュの幹などに印をつけて、同じ部分に注目したとしよう。そうすれば、その同じ部分は1000年も経たずに枯れてしまう。しかし、新しく周囲に伸びた枝や根は生きているわけだ。たしかに、これは発芽してから連続して生長してきた植物であることにまちがいない。しかし、連続していると言っても、今の個体と数千年前の個体では、同じ物質でできている部分はまったくない。古い物質でできている部分はすべて枯れており、生きている部分はすべて新しい物質でできている。これを一つの個体と考えて、1万1700年も生きていたと言ってよいものだろうか。

ソメイヨシノにおける個体とは何か

しかし、考えてみれば、長寿で有名なブリスルコーンパインのような普通の樹木だって、似たようなものかもしれない。

樹木の幹の中には、おもに水を運ぶ道管《どうかん》や仮道管《かどうかん》がある。これらは、細胞がたくさんつながって、管のようになったものである。そして水を通すために、管を作っている道管や仮道管の細胞は、中身が空っぽになっている（道管では、上下に穴が開いた細胞がつながって、1本のパイプのようになっている。一方、仮道管では、細胞の横に穴が開いている。そのため、水は、たくさんの細胞の中を、曲がりくねりながら進んでいく）。こんな、中身が空っぽの細胞が生きているわけがない。道管や仮道管の細胞は、死んでいるのである。

このように、樹木には死んだ細胞がかなりあるのだが、幹が太くなるにつれて、死んだ細胞の数はますます増えていく。幹が太くなると、中心部にある道管や仮道管では、水を通す穴がふさがる。そのため、幹の中心部には水がしみ込みにくくなって、腐りにくなる。さらに、中心部には、タンニンなどの物質をしみ込ませて、虫や菌の繁殖を防ぐ。そのうちに、道管や仮道管の周囲にあった生きた細胞も死んでしまい、中心部は完全に死んだ細胞だけになる。この、樹木の死んだ部分を心材と言い、周囲の生きている部分（と言っても、その中に道管や仮道管のような死んだ細胞がかなりある）を辺材と言う。心材は樹木を支える役割を果たしている。死んでからも、生きている部分の役に立っているのである。

幹が太くなるにつれて、辺材はどんどん外側に移動していき、死んでいる心材はますます太くなっていく。そして、生きている部分は幹の外側にどんどん移動していく。つまり、同じ部分が生き続けているわけではないのだ。何千年も生きているブリスルコーンパインでも、一つの細胞の寿命はせいぜい30年程度と言われている。こういう樹木を一つの個体として認めるなら、クレオソートブッシュだって、一つの個体として認めてあげないと不公平な気もする。でも、クレオソートブッシュを一個体として認めると、挿し木や接ぎ木で増やした植物は、どう考えたらよいのだろうか。

たとえば、ある木の枝を折って、その枝を土に挿す。もし、その枝が根付けば、また新しい木に生長する。こういう増やし方を挿し木という。
また、ある木の枝を折って、その枝を他の植物に接着する。両者は別の種のこともある。もし、組織が癒合すれば、枝は新しい木に生長する。こういう増やし方を接ぎ木という。

こうして挿し木や接ぎ木で増やした植物だって、もともとはある植物の一部だったのだから、その元の植物と同じ個体と考えてもよさそうだ。でも、そうすると、挿し木や接ぎ木で増やしたすべての植物は、元の植物と同じ個体ということになってしまう。

有名なサクラであるソメイヨシノの起源については、いくつかの説があった。しかし、遺伝的な解析によって、サクラの野生種であるエドヒガンとオオシマザクラの雑種から作られた栽培品種であることが確実になった。おそらく、すべてのソメイヨシノは、たった1本の木から、接ぎ木などによって増やされた可能性が高い。もしそうなら、世界中のすべてのソメイヨシノを、同じ個体と考えてよいのだろうか。でも、そうすると、ソメイヨシノの寿命は、無限ということになってしまう。

アメーバは死なない？

形あるものいつかは壊れ、命あるものいつかは死する。この章の最初に、そんなことを書いた。でも、落ちついて考えてみよう。本当にそうだろうか。「形あるものいつかは壊れる」のはよいとして、「命あるものいつかは死する」というのは本当だろうか。

単細胞生物であるアメーバは、1匹が分裂して2匹になる。さらに2匹それぞれが分裂して4匹になる。基本的にはその繰り返しだ。もちろんエサが食べられなかったり環境が悪くなったりすれば、アメーバだって死ぬだろう。でも、そういう不幸なできごとがなければ、アメーバは永遠に分裂し続けるはずだ。

アメーバにかぎらず、たいていの単細胞生物は、分裂によって増殖する。もしも生物が誕生したのが40億年前だとすれば、現在生きている単細胞生物は、40億年ものあいだ分裂し続けてきたことになる。1度でも分裂が途切れたら、その系統はそこで途絶えてしまうからだ。つまり、現在生きている単細胞生物の年齢は、40億歳ということになる。これなら、永遠の命を持っていると言ってもよいのではないだろうか。死なない生物と言ってもよいのではないだろうか。

それにひきかえ、どうして私たちヒトは、かならず死ぬのだろうか。その答えは、ヒトが多細胞生物だからだ。かならず死ぬと決まっているのは、多細胞生物だけなのだ。

多細胞生物は、単に「細胞がたくさん集まった生物」ではない。単細胞生物がたくさん集まって、ただ連結しているものは群体と言う。群体を作っているそれぞれの単細胞生物は、永遠に分裂を続けて死なない可能性を持っている。

しかし、多細胞生物は違う。たとえば、私の手は、私が死んだらおしまいだ。私の手の細胞は、次の世代には伝わらない。私の手から、子供が生まれたりはしない。つまり、私の手は、私の代で使い捨てなのだ。こういう使い捨ての細胞を持っているのが、多細胞生物の特徴だ。

とはいえ、私の体のすべての部分が、使い捨てというわけではない。それでは子孫が残せない。使い捨てではないのは、生殖細胞だ。現在生きている生殖細胞は、分裂や融合（受精のときなど）を繰り返しながら、単細胞生物の時代も加えれば40億年間も生き続けてきた。もっとも、生殖細胞は多めに作られるので、実際に次の世代に受け継がれるのは、その中のほんの一部に過ぎない。それでもすべての生殖細胞には、次の世代に受け継がれて、永遠の命をもつ可能性があるのだ。まとめると以下のようになる。

単細胞生物＝死なない可能性のある細胞
多細胞生物＝死なない可能性のある細胞（生殖細胞）＋かならず死ぬ細胞（体細胞）

私たちヒトが「死んだ」と考えるのは、心臓や脳が死んだときだろう。脳や心臓は体細胞でできている。そして、体細胞はかならず死ぬ。だから、脳や心臓はかならず死ぬ。そのため、私たちはかならず死ぬと考えてしまうのだ。

しかし、もしも生殖細胞に注目すれば、私たちは永遠の命を持つという見方もできる。もしも子供がいれば、あなたの生殖細胞はその子供の細胞に受け継がれている。だから、あなたが死んでも、あなたの子供が生きていれば、あなたは生きているのだ。

そう考えると、動物も植物も単細胞生物も、そんなに変わらないかもしれない。永遠に死なない可能性のある細胞を持っている点では、みんな同じだからだ。それに加えて、細胞の年齢についても、同じと言ってよいだろう。単細胞生物の細胞や多細胞生物の生殖細胞の年齢が40億歳であることはさきほど述べたけれど、考えてみれば体細胞の年齢だって40億歳である。私たちの体の体細胞は、元はと言えば、すべて受精卵から分裂して作られたものだ。だから、40億年前から連綿と細胞分裂を繰り返してきた点では、生殖細胞と同じである。

ただ、体細胞の場合は、もうすぐ寿命がくるというだけだ。だから、すべての生物のすべての細胞は、みんな40億歳なのだ。私たちヒトも、アメーバも、クレオソートブッシュも、ブリスルコーンパインも、細胞レベルで考えれば、みんな40億歳なのである。

そう考えると、クレオソートブッシュの寿命が1万年以上と言ってよいかとか、ソメイヨシノの寿命は永遠かとか、そういうことはあまり重要でないかもしれない。すべての生物は細胞からできている。40億年のあいだ生き続けてきた細胞が、クレオソートブッシュ1本を作るために、あるいは私たち一人の体を作るために、しばらくのあいだ集まっている。この、1本のクレオソートブッシュや、一人のヒトのような個々の生物体を、個体と言う。つまり、寿命というのは、個体として細胞が集まっている期間ということになる。

個体は一応独立した存在だが、細胞レベルではかならず他の個体と連続している。私たちヒトの場合は、精子と卵という2つの細胞で前の世代とつながっているだけだが、ソメイヨシノの場合は接ぎ木で増えるので、かなり多くの細胞で前の世代とつながっている。個体というものは、思ったほど独立していないようだ。

個体の範囲

生物は進化の産物である。生物を進化させるメカニズムには、いろいろなものがあるけれど、生物を環境に適応させるメカニズムは一つしかない。それは自然淘汰である。生物の素晴らしい特徴、たとえば空を飛ぶことのできる鳥の翼や、私たちの精妙な免疫システムなどを作ったのは自然淘汰だ。

この自然淘汰というメカニズムは、いろいろなレベルで働く。たとえば、自然淘汰は遺伝子レベルで働くとも言える。自然淘汰によって増えたり減ったりする単位は遺伝子で、個体は複数の遺伝子が共同で乗っている乗り物だ、という考えだ。私は、この考えは正しいと思うけれど、その場合でも自然淘汰が直接作用するのは個体だろう。

仮にキリンの遺伝子の中に、首を長くする遺伝子Aと首を短くする遺伝子Bがあったとする。そして、首が長いキリンは高い木の葉も食べられるので、だんだんと数が増えていく。いっぽう、首が短いキリンは食べられる木の葉が少ないので、だんだんと減っていく。その結果、遺伝子Aは増え、遺伝子Bは減ることになる。

しかし、実際に自然淘汰が作用したのは、個体レベルである。遺伝子Aと遺伝子Bは、ともにDNAであり、塩基配列やメチル化の程度などが違うにすぎない。そういう分子レベルの違いに自然淘汰が直接作用して、首の長い個体が増えたわけではない。実際に自然淘汰が作用したのは、DNAの違いではなく、首の長さの違いだ。遺伝子Aが増え、遺伝子Bが減ったのは、その間接的な結果にすぎない。

このように、個体には自然淘汰が直接作用する。でも、自然淘汰が直接作用するのは個体だけだろうか。

ビーバーのダム

ビーバーは北アメリカやヨーロッパなどに棲んでいるネズミの仲間である。体長は1メートルほどで、湿原での水中生活に適応しており、陸地に上がることは少ない。

ビーバーは、齧って倒した木や泥などでダムを作って、川をせき止める。そのため周囲に水が氾濫して、いわゆるダム湖ができる。ダム湖が大きければ大きいほど、ビーバーの行動範囲が広くなり、食物も増え、天敵にも襲われにくくなる。そのため、ビーバーはかなり広大なダム湖を作る。カナダのウッド・バッファロー国立公園で見つかったビーバーのダムは、長さが850メートルもあったそうである。このダム作りは親などに教わらなくてもできるらしく、生得的な行動と考えられている。おそらくビーバーがダムを作る行動は、かなりの程度まで遺伝子によって決定されているのだろう。

さて、ビーバーのダム湖にも、自然淘汰は作用するのだろうか。ダム湖が大きいほど、その中に食べ物がたくさんあるだろう。また、やはりダム湖が大きいほど、逃げる場所がたくさんあるので、天敵にも襲われにくいだろう。そうであれば、大きなダム湖を作る個体ほど、子供をたくさん残すことができるだろう。そして、その子供も大きなダム湖を作る性質を持っていれば、大きなダム湖は増えていくはずだ。一方、小さなダム湖を作るビーバーは、食べる物も少なく、天敵にも襲われやすいので、子供をあまり残せないだろう。その場合は、小さなダム湖は減っていくはずだ。

大きなダム湖に棲むビーバーも、小さなダム湖に棲むビーバーも、泳ぐ速さや木を齧る力などの身体能力はまったく同じとしよう。その場合でも、大きなダム湖に棲むビーバーが増えていくとすれば、自然淘汰はビーバーの個体ではなく、ビーバーの作ったダム湖に作用しているとは言えないだろうか。

もちろん、ダム湖に自然淘汰が作用しているという代わりに、ダム湖を作るという行動に自然淘汰が作用していると言ってもよい。たとえ身体能力は同じでも、ダム作りを長く続けた方が、大きなダム湖を作ることができるのだから。しかし、どちらの言い方をしても、自然淘汰が作用する対象は、単なる物質としての体の範囲を超えていることになる。

自然淘汰はどこに作用するか

生物の体が作られるときには、遺伝的な要因だけでなく、環境的な要因も影響する。しかし、ここでは話を単純にするために、遺伝的な要因だけを考えよう。

さきほど、キリンの首の話をした。そして、キリンの首を長くする遺伝子を考えた。もちろん、これも単純化した言い方であって、直接首を長くする作用をもつ遺伝子があるわけではない。

遺伝子というのは、実際にはDNAの一部分のことである。典型的な遺伝子では、DNAがRNAに転写されて、それからタンパク質に翻訳される。このタンパク質の影響で、いくつもの化学反応がドミノ倒しのように進んでいく。さらに言えば、首の長さに影響する遺伝子も、一つではなく、たくさんある。また、化学反応の流れが一方通行ともかぎらない。そんな複雑なプロセスがドミノ倒しのように進行して、その結果、首が長くなるのである。

この複雑なプロセスの中で、遺伝子の力が直接及ぶのは、タンパク質を作るという最初のプロセスだけである。その先のプロセスに、遺伝子が直接かかわることはない。ところが自然淘汰は、たいてい最終的な結果に作用する。今のケースで言えば、出来上がった首の長さに作用するのである。

遺伝子から始まって、結果が首の長さなら、話はわかりやすい。自然淘汰が作用するレベルは個体ということになる。でも、ビーバーの場合はどうだろうか。遺伝子から始まって、結果がダム湖だと考えれば、自然淘汰が作用するレベルは個体を超えて、その外側まで広がっている。そういう場合は、あまり個体にこだわる必要はないかもしれない。イギリスの進化生物学者であるリチャード・ドーキンス（1941〜）は、「遺伝子がこの世界に及ぼす効果は、個体の表現型よりも広い範囲にわたる」という意味で「延長された表現型」という言葉を使っている。

つまり、首の長さは「表現型」で、ダム湖は「延長された表現型」ということになる。しかし、考えてみれば、両者のあいだに本質的な差はないかもしれない。

まず、遺伝子からタンパク質が作られる。そのタンパク質の作用で、いろいろなプロセスが連鎖的に進行し始める。その結果、ある形質が出来上がる。形質というのは、生物の形や性質のことだ。しかし、遺伝子から始まったこのプロセスは、個体という形質ができたところで止まるとはかぎらない。たとえば、ダムを作るというビーバーの形質は、この連鎖的に進行するプロセスをさらに先へ進めて、ついには広大なダム湖を作り上げる。その場合、個体というものは、このプロセスの単なる通過点に過ぎない。そして自然淘汰は、個体における表現型だけでなく、延長された表現型にまで、その作用を及ぼすのである。

超有機体

私たちヒトについても、さまざまな「延長された表現型」が考えられる。

たとえば、私たちは昔から道具を作ってきた。石器を使って動物の肉を切ったり、槍を使って獲物を捕まえたりしてきた。それらの道具の良し悪しによって、私たちが生き延びる確率は左右されたに違いない。だから、石器や槍は「延長された表現型」と言えるだろう。しかし、もっと深いレベルでの「延長された表現型」も考えられる。それは私たちの体内に棲んでいる微生物だ。

これまでに述べてきたように、私たちは体内の微生物と助け合いながら生きている。私たちの体は、一個体の生物というより、むしろ一つの生態系だ。私たちヒトの遺伝子は約2万個だが、体内に棲む微生物の遺伝子の合計ははるかに多く、およそ440万個という推定もある。これだけたくさんあれば、ヒトの遺伝子だけでは足りない部分を、微生物の遺伝子で補うことができるだろう。実際、微生物の多くの遺伝子は、ヒトの役に立っているようだ。

ヒトの腸内細菌にはいろいろな種があり、人によって腸内細菌叢の種の構成は違っている。この、ヒトの腸内細菌叢は、3つのタイプに分けられる、という考えもある。そして、そのタイプのことを、エンテロタイプと呼ぶ。エンテロタイプ1はバクテロイデス属（*Bacteroides*）の細菌が多く、エンテロタイプ2はプレボテラ属（*Prevotella*）が、エンテロタイプ3はルミノコッカス属（*Ruminococcus*）が多い。このエンテロタイプは、住んでいる場所や何を食べているかに関係なく、血液型のように起源の古いものだという意見もあった。しかし、この意見は少しおかしいようだ。

私たちが産まれる前、つまり母親の子宮の中にいるときには、私たちの腸に細菌はいなかった。腸内細菌叢が形成され始めるのは、私たちが産まれたときからである。その後、さまざまな要因によって、腸内細菌叢の形成は影響を受ける。たとえば、自然分娩か帝王切開かとか、生まれてから摂取する栄養とか、あるいは家族や友人との交流などによって、影響を受けるのだ。それなのに、住んでいる場所や何を食べているかに関係なくエンテロタイプが決まる、ということはないだろう。

周囲にいる細菌が、私たちの口から胃に入る。そこで多くの細菌は、強い酸性の胃酸によって死滅する。なんとか胃を通過して腸に到達しても、腸内の環境に適していない細菌は減少し、絶滅する。そこで生き残ったものが、腸内細菌叢を形成するのである。

私たちの周囲にいる細菌は、時々刻々と変化する。たとえばスーパーマーケットに行けば、そこの空気中にはさまざまな常在菌がいる。そういう日々の生活に少しずつ影響されながら、腸内細菌叢は形成され、そして変化していく。そのためか、たとえ双子の腸内細菌叢であっても、かなり異なっていることが報告されている。遺伝子では区別することができない一卵性双生児でも、腸内細菌叢なら区別することができるのである。

そのため、腸内細菌叢に限らず、いろいろな細菌叢は、個人識別の役に立つ。実際、日々触れているパソコンのキーボードやマウスに付着している細菌叢と、いろいろな人の指先の細菌叢を比較することによって、パソコンの持ち主を高い確率で特定することができるようだ。

腸内細菌叢は比較的安定しており、変化はそれほど速くない。だから、短期的には個人識別に使える可能性もある。しかし、長期的に見れば、腸内細菌叢はかなり変化することもある。健康な人の腸内細菌が、1年のあいだにエンテロタイプ間の違いに相当するほど変化した例も報告されている。

私たちは、人をいくつかのタイプに分けることが好きである。しかし、エンテロタイプによって、人をいくつかのタイプに分けることは、どうやら不適切らしい。一生にわたって同じエンテロタイプを持ち続けるとはかぎらないし、中間的なエンテロタイプを持つ人もいる。むしろエンテロタイプは、腸内細菌叢の連続的な変化の一断面として捉える方が適切だろう。

このように腸内細菌叢の種の割合は、人によっていろいろだ。しかし不思議なことに、遺伝子の機能で考えると、どの人も同じような構成になっているのである。

たとえば、細菌Aも細菌Bも、植物の多糖を分解する遺伝子を持っているとする。いっぽう、細菌Cも細菌Dも、ある毒素を無毒化する遺伝子を持っているとする。その場合は人によって、いろいろな細菌の種の組合せを持つことになるだろう。AとCを持っている人もいれば、BとDを持っている人もいる。中にはA、B、C、Dのすべてを持っている人もいるかもしれない。

しかし、AとBしか持っていない人はいない。なぜなら、その人は、ある毒素を無毒化することができないので、長いあいだに自然淘汰によって除去されてしまったからだ。その結果、自然淘汰によって生き残った人は、すべて多糖を分解する遺伝子と毒素を無毒化する遺伝子の両方を持っていることになる。

いろいろな人の腸内細菌叢は、「種の組み合わせ」は違っていても、「遺伝子の組み合わせ」は同じである。いや、遺伝子の機能が同じなら、別の遺伝子でも間に合うので、「遺伝子の機能の組み合わせ」は同じであると言った方が正確だ。

このように、「細菌の種」が異なっていても「遺伝子の機能」は同じである、ということは、「遺伝子の機能」に自然淘汰が働いているということだ。人と常在菌の共生関係において、本質的なのは種ではなく遺伝子なのだろう。ノーベル生理学・医学賞を受賞したジョシュア・レーダーバーグ（1925～2008）は、「ヒトはヒトゲノムとヒト常在菌ゲノムから成り立つ超有機体である」と述べている。

初期の地球で繁栄していた生物は細菌だった。その後、私たちのような多細胞生物が現れたけれど、その私たちの体でさえも、遺伝子の種類で考えれば99パーセントは細菌だ。私たちは細菌と一緒に生きて、細菌と一緒に進化してきた。地球という惑星は、私たちが思っていた以上に、細菌の惑星なのだ。

この章の前半で述べたように、地球の生命の歴史は約40億年前に細菌で始まり、約10億年後に細菌で終わる。とはいえ、その途中では、細菌以外のさまざまな生物も進化した。私たちも、その一種だ。数億年先の未来の地球には、細菌しかいないかもしれないが、それより近い未来では、まだまだ私たちも生き続け、進化していくことだろう。それでは次の章では、私たちがこれからどうなるかを検討してみよう。

第5章　人類の未来

歩く魚

２０１４年にカナダのエミリー・スタンデン博士らが興味深い研究を発表した。ポリプテルスという魚を陸上で育てたら、上手に歩くようになったと言うのである。魚が陸上を歩くなんて冗談みたいだけれど、これは真面目な話である。とはいえ、もしも魚を陸上で育てたら、歩く以前に、呼吸ができなくて死んでしまうのではないだろうか。

通常、魚は鰓《えら》を使って、水中で呼吸をしている。しかし、じつは魚の中には、鰓だけでなく肺も持っているものが結構いる。金魚が水面に浮かんできて、口をパクパクさせることがあるが、あれは肺を使って空気呼吸をしているのだ。ポリプテルスは、そんな魚の中でも、とくに肺が発達した魚なので、空気呼吸だけでも生きていけるのだろう。

それにしても、水の中に棲んでいる魚に、どうして肺が必要なのだろうか。

現在の多くの魚は、硬骨魚類というグループに属している。ポリプテルスや金魚も硬骨魚類だ（サメやエイなどは、全身の骨格が軟骨でできている軟骨魚類である）。

硬骨魚類の血液は、心臓から送り出されると、まず鰓を通り、それから全身を回って、再び心臓に戻ってくる。まず鰓で血液に酸素が取り込まれ、その血液が全身を回ることによって、体中の細胞に酸素を届けるのである。うまい方法に思えるけれど、一つ問題がある。心臓は多くの酸素を必要とする器官なのに、心臓に戻ってくる血液は全身を回った後の血液だ。つまり酸素の少ない血液だ。そのため心臓は、あまり酸素をもらうことができない。

これは、激しい運動をするときに、深刻な問題になってくる。激しく運動すれば、体の細胞が酸素をたくさん使う。すると、心臓に戻ってくる血液中の酸素は、ますます減ってしまう。激しく運動すればするほど、心臓は多くの酸素が必要になるのに、激しく運動すればするほど、心臓に届けられる酸素は減ってしまうのだ。釣り上げられた魚が激しく暴れると、すぐに死んでしまうことがあるのは、このためである。

魚に肺が進化した理由

それでは、硬骨魚の心臓に十分な酸素を届けるには、どうしたらよいだろうか。

当たり前だが、硬骨魚類も食物を食べる。食べた食物は、消化管で消化され、消化管壁にある血管に吸収される。このように、消化管と血管は隣接しているので、酸素を吸収する構造にも進化しやすいと考えられる。消化管の中に酸素が入ってくれば、それを血管から吸収できるからだ。そして実際に、消化管の一部が膨らんで、酸素を吸収するための器官になったものがある。それが肺だ。

硬骨魚の心臓には、全身を回った後の、酸素が少ない血液が戻ってくる。だから、心臓は酸素が不足しがちである。その問題を、肺を使うことによって解決できないだろうか。

肺を進化させた硬骨魚類では、血液が鰓から出たあと二手に分かれる。一方は全身の細胞へ向かうが、もう一方は肺に向かう。肺に行った血液は、再び酸素を取り込んで、また心臓へと戻っていく。これなら心臓にも、酸素がたくさん届けられる。

ただし、硬骨魚類の肺から出た血液は、心臓に戻る前に、全身の細胞から戻ってきた血液と合流する。全身から戻ってきた血液には、酸素が少ない。だから、肺から来た血液は、せっかく酸素をたっぷり含んでいたのに、全身から来た酸素の少ない血液によっ

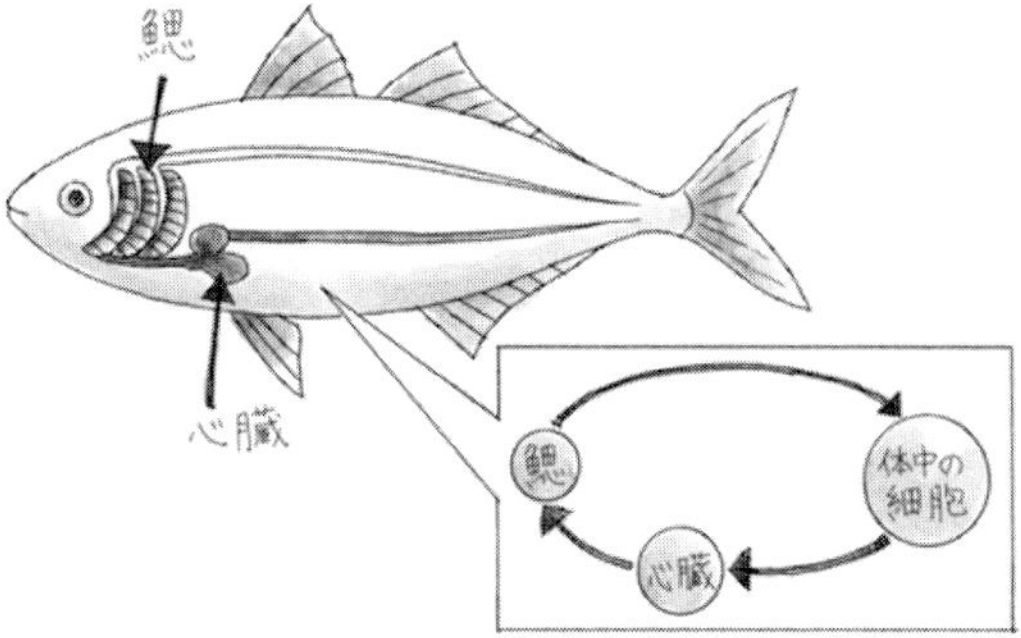

肺のない硬骨魚

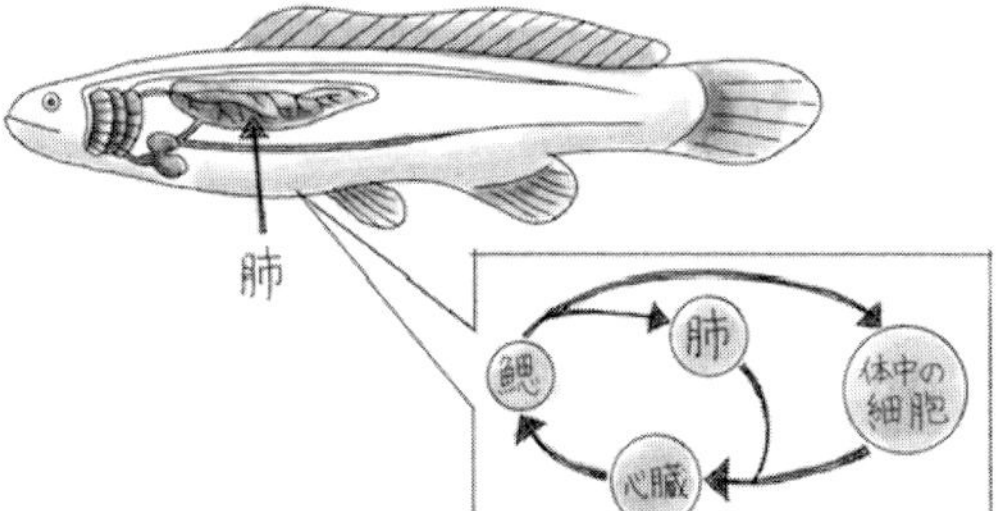

肺のある硬骨魚

て、酸素が薄められてしまう。

これは、少し効率の悪い仕組みである。とはいえ、肺で吸収した酸素を心臓に届けることはできるのだから、最悪の状態は脱することができたと考えてよいだろう。このようにして、魚に肺が進化したと考えられている。

魚に肺が進化した時代は、おそらくシルル紀（約4億4400万年前〜4億1900万年前）である。この時代の魚は、化石の情報によると、海の沖合いに棲んでいた可能性が高い。そこは、あまり酸欠にならない環境だ。しかしその後、硬骨魚は浅瀬や湖や沼などの、しばしば酸欠になる環境へと生息範囲を広げていった。そこでは、すでに進化していた肺が、役に立ったにちがいない。水中の酸素が少なくなったときは、空気中の酸素を吸えばよいのだから。

魚の肺は、おそらく最初は活発に運動するために進化した。しかしその後、酸欠になりやすい環境へ進出するときにも役に立った。肺はいろいろなことに役に立つので、一部の魚は今でも肺を持ち続けているのだろう。

陸上生活への進化が起きる?

さて、陸上で育てられた魚の話に戻ろう。スタンデン博士らがポリプテルスを育てたのは陸上であるとさきほど書いたが、正確には、水がほんの少ししか入っていない水槽の中だ。そして、水槽の底には小石が敷き詰めてある。ポリプテルスは濡れた小石の上で、体を完全に空気中に出して、生活していたのである。

こうして「陸上で」111尾のポリプテルスを8か月間育てて、水中で育てたポリプテルスと比較した。その結果、陸上で育てた個体は骨格が変化し、胸びれを使ってうまく歩くようになったと言う。

これはとても面白い実験だが、さらに先まで考えてみよう。つまり、私たちの頭の中で、思考実験を続けてみよう。仮にこの先もずっと、子々孫々まで、ポリプテルスが陸上で生活し続けたらどうなるだろうか。

陸上のポリプテルスは胸びれをよく使いながら成長するので、水中で成長したポリプテルスよりも胸びれが発達した成体になる。しかし、この時点では、水中のポリプテルスと陸上のポリプテルスのあいだに、遺伝的な違いはない。ポリプテルスの胸びれが発達した理由は、いわばトレーニングをしたからであって、遺伝子が変化したわけではないからだ。

さて、陸上のポリプテルスはみんな胸びれが発達しているけれど、それぞれの発達の程度に少しは違いがあるはずだ。胸びれが少し発達したものから大きく発達したものまで、いろいろなポリプテルスがいるはずだ。

もし、まったく同じトレーニングをしたとしても、胸びれの発達の仕方には違いが出てくる。それは、それぞれのポリプテルスごとに、遺伝的な違いがある（遺伝子などに変異がある）からだ。これは、ヒトの場合も同じだ。10人の選手にまったく同じ共同生活をさせて、さらにまったく同じトレーニングをさせてから100メートル走をさせても、10人の選手のタイムはそれぞれ違ったものになるだろう。

それぞれのポリプテルスには遺伝的な変異があり、そのため胸びれの発達の程度にも違いがある。そういうポリプテルスの中で、より胸びれが発達しているポリプテルスは、エサのところまで速く歩いていけるので、エサをたくさん食べられて、子供をたくさん残せるとしよう。その場合は自然淘汰によって、胸びれがより大きいポリプテルスが増えていく。仮に、胸びれを大きくする遺伝子があったとすれば、胸びれを大きくする遺伝子を持つポリプテルスが増えていく。そうして何世代か交替するうちには、陸上で暮らすポリプテルスの胸びれは、大きくなっているだろう。そして、陸上で暮らすポリプテルスは、胸びれを大きくする遺伝子を持っていることだろう。これは進化である。なぜなら、陸上のポリプテルスは、水中のポリプテルスとは遺伝的に異なる集団になったからだ。

つまりポリプテルスは、自身の生活の仕方を変える（＝陸上で生活する）ことによって、進化の方向を変えたのである。

ダーウィンが発見した自然淘汰による進化というと、つい受け身的な進化を思い描いてしまいがちだ。「環境に合わせるように生物が変化する」というイメージだ。このイメージは間違ってはいないけれど、誤解されやすいイメージでもある。「環境」というのは「生物」の外側に、「生物」と関係なしに存在するものではない。「環境」というのは生物以外の条件を意味するだけではなく、他のいろいろな生物も含まれるし、そして何よりも、まさに自然淘汰を受ける生物自身も含まれる。自分が存在するかしないか、自分がどんな行動をするのか、そういうことによっても「環境」は変わっていく。自分自身が変われば環境も変わり、その環境に合わせるように自分自身が変化することが自然淘汰による進化なのだ。つまり、自分が進化の原因にもなり、結果にもなるのだ。

ポリプテルスの実験の場合は、人間によって無理やり環境を変えられたわけだが、かつての地球上で脊椎生物が陸上に進出したときも、行動の変化によって進化の方向が変化して、陸上に進出した可能性が高い。どんな種でも、すべての個体が同じ行動を取るわけではない。遺伝子や体の形に変異があるだけでなく、行動にも変異があるからだ。そして、水の少ない環境に進出した個体に働いた自然淘汰は、陸上生活に便利な特徴を進化させたはずである。

ヒトの手の進化

生物が行動を変えれば、進化の方向も変わる。それは、すでにダーウィンが指摘していたことでもあり、もちろん、私たちヒトの進化にも当てはまる。ここでは、私たちの手について考えてみよう。

私たちはサルの仲間である。サルの仲間のことを「霊長類」と言うが、昔は「四手類《ししゅ》」と呼んでいた。「手が四つある」という意味だ。たとえば、チンパンジーの足の裏を見せられて、「これは手ですか、それとも足ですか」と質問をされたら、かなりの人が「手だ」と答えるのではないだろうか。そのくらい、チンパンジーの足は手に似ている。

では、なぜサルの仲間は、足が手のような形をしているのだろう。それは、木に登るためだ。サルの仲間のほとんどは森林に棲んでいるので、手だけでなく足でも枝をつかめれば、樹上で生活するときに便利なのだ。

しかし、私たちヒトは直立二足歩行で地面を歩き、木にはほとんど登らない。そのため、地面を歩くのに便利なように、足の指が短くなったり、親指が他の指と向かい合わなくなったりして、枝をつかむには不向きである。いっぽう、私たちの手は昔のままの形を残している。だから、木登りをするときに活躍するのは、足よりも手だ。

このように私たちでは、手はあまり変化せず、足が大きく変化した。しかし、チンパンジーでは反対に、足はあまり変化せず、手が大きく変化したようだ。

私たちの手とチンパンジーの手を比べてみよう。両方とも指が5本ある。でも、指の長さや頑丈さはかなり異なる。チンパンジーの親指は、小さくて華奢《きゃしゃ》だ。しかし、他の4本の指は、私たちより長くて頑丈だ。

チンパンジーは、親指と他の指の長さがかなり違う。そのため、親指と他の指を向かい合わせにして、物をつかむのが下手である。

私たちは小さい物なら、親指の先と人差し指の先でつかむのが普通である。でも、チンパンジーは、親指と比べて人差し指が長すぎるので、親指の先と人差し指の横腹で物を挟むことが多い。私たちが、ドアの錠前に鍵を挿して回すときの指の使い方に近い。

少し大きい物なら、私たちは親指と他の4本指を向かい合わせにして、しっかりと握る。でもチンパンジーは、親指を使わずに他の4本指だけを巻き付けて握ることが多い。

このように、物を握るには不便なのに、どうしてチンパンジーの4本指はこんなに長いのだろうか。

それは、木の枝にぶら下がるためだと考えられている。指が長ければ枝に巻きつけや

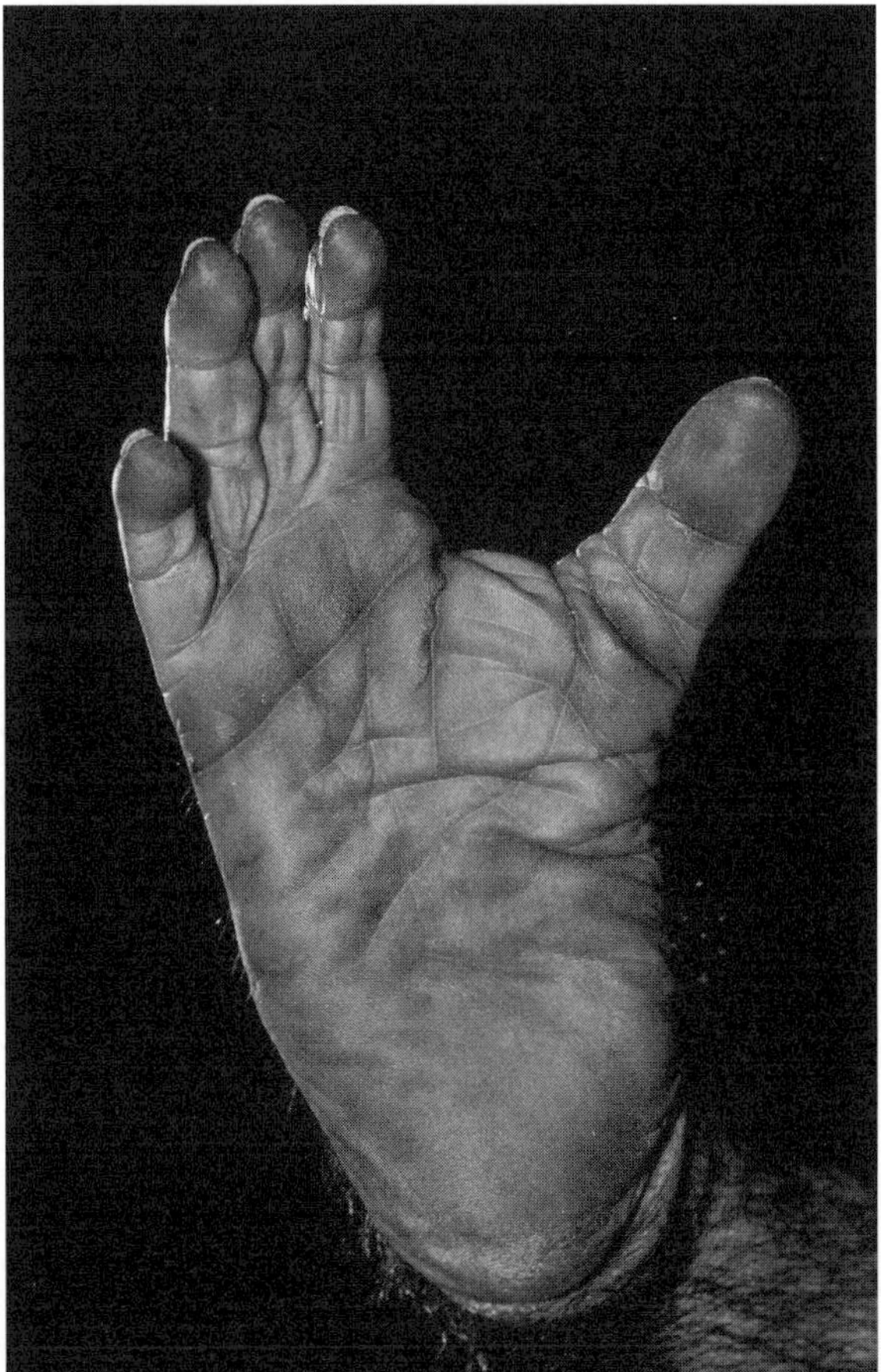

チンパンジーの足

すいからだ。しかもチンパンジーの4本指は、長いだけでなく、もともと少し曲がっている。手のひらを広げたときでも、少し握ったような形になっている。そのため、ますます枝に指を巻きつけやすくなっている。

しかし、手を内側に曲げるのが得意だということは、外側に曲げるのは苦手だということだ。そのために、チンパンジーは特徴的な歩き方をする。チンパンジーが四足歩行をするときには、足の裏は地面につけるが、手のひらは地面につけない。手のひらを軽く握ったまま、指の外側を地面につけて、四足歩行をするのである。この歩き方はナックルウォークと呼ばれる。ちなみに、ボノボやゴリラもナックルウォークをする。

ところで、日本の観光地にいくと、しばしばニホンザルを見ることができる。ニホンザルが四足歩行をするときにはナックルウォークはせず、手のひらを地面につけて歩く。私たちヒトも、（滅多にしないけれど）四足歩行をするときには、手のひらを地面につけて歩く。こちらの方が昔からの原始的な歩き方で、ナックルウォークは新しく進化した歩き方なのである。

私たちの足は直立二足歩行をするように特殊化したが、手は原始的なままだった。チンパンジーの手は枝にぶら下がるように特殊化したが、私たちの手は原始的なままだった。このように、手が原始的なまま特殊化しなかったことが、私たちにとっては便利だった可能性が高い。一つの目的のためだけに特殊化していない分、どんなことでも、そこそこなせるからだ。狩猟のために槍を投げることもできるし、農耕のために種子を土に埋めることもできるし、パソコンのキーボードを叩くこともできるのだ。

私たちの祖先とチンパンジーの祖先が分かれたのは、約700万年前のことである。私たちとチンパンジーは、今では大きく異なる生物になってしまったが、約700万年前は、同じ生物だったわけだ。

ところがその中から、他の個体よりも頻繁に二足歩行をする個体が現れた。最初は地面に下りたわけではなく、枝の上を少し二足歩行しただけだったかもしれない。しかし、とにかく一日のうちで二足歩行をする時間が増えていけば、二足歩行に有利な特徴が自然淘汰によって進化し始めるはずだ。

行動が変われば、進化の道筋も変わる。それは私たちにも、歩く魚にも、当てはまる。自然淘汰は受け身の進化だけでなく、能動的な進化も引き起こすのである。

延長された体

チンパンジーに至る系統と私たちヒトに至る系統が分かれてから、およそ700万年が経った。それ以来、ヒトに至る系統では、何十種ものさまざまな人類種が進化した。しかし、約4万年前にネアンデルタール人が絶滅してからは、私たちヒトが生き残っている唯一の人類種となってしまった。

さきほど述べたように、この約700万年の歴史を通じて、人類の手はあまり変化していない。そして、約30万年前に私たちヒトが出現してからは、手だけでなく体の他の部分にも、大きな変化は起きていない。

とはいえ、もちろん少しの違いはある。モロッコのジェベル・イルード遺跡で見つかった約30万年前のヒトと考えられる化石では、現在のヒトほど額が立ち上がっていないし、眼の上の部分は突き出ていた。それから時代が下って、牧畜が行われるようになると、ミルクを飲んでもお腹をこわさない人が増えた。19世紀以降は、近視の人が増えたりもした。これらには遺伝的な変化が関係しているので、進化と言ってよい（近視のように、私たちに都合が悪いように変化することも進化である)。このように、今でも私たちは進化しているけれど、体の形に関するかぎりはあまり変化していない。とくに、私たちが暮らしている環境が激しく変化したことに比べれば、たいした変化は起きていないと言える。

私たちヒトはアフリカで誕生した。その後、世界中に分布を広げ、極寒のツンドラ地帯にも住み着いた。もし他の動物なら、たとえばアフリカに棲んでいるキリンやシマウマなら、ツンドラ地帯に移住したら生きていけないだろう。しかしヒトは、体の形をほとんど変えることなく、世界中に分布を広げることができた。なぜ、そんなことができたのかと言うと、それは衣服を着たり火をおこしたりしたからである。

寒さを防ぐ方法はいろいろある。ホッキョクグマやアザラシのように厚い毛皮や皮下脂肪を体につける方法もある。しかし私たちは、体の外に衣服や炎を作りだして、寒さを防いだ。生物学的な体を変化させるのではなく、衣服や炎のような、いわば「延長された体」を作って、寒さを防いだのである。そのため、生物学的な体は、ほとんど変化しないで済んだのだろう。

体に優しい設計

「延長された体」は、広い意味で「道具」と言ってもよいだろう。私たちヒトは、さまざまな道具を発明してきた。石器も、次々に新しいタイプの石器を作り出した。槍も最初は手で投げていたが、投槍器《とうそう》を発明してからは、より遠くまで投げられるようになった。農業では鋤《すき》や鍬《くわ》を使って、農作業の効率を上げた。鉄道や自動車は、足で移動するよりはるかに速く、そして遠くまで、私たちを移動させることができる。そして、パソコンのキーボードを叩けば、自分の頭で考えたり計算したりするより速く、そして正確に結果を得ることができる。

こんなにさまざまな道具を次から次へと発明したら、私たちの生活はどんどん変わってしまう。つまり環境がどんどん変化してしまう。そうしたら私たちの体も、変化した環境に合わせるように、どんどん変化しそうである。それなのに、どうして私たちの体は、およそ30万年ものあいだ、ほとんど変化していないのだろうか。

体が変化していない理由としては、最近100年から200年ぐらいの生活の変化に

投槍器の使用イメージ

ついては、時間が短すぎて、まだ目に見えるような進化が起きていないという意見もある。しかし、道具によって生活が変化したのは、最近だけの話ではない。たしかに最近に比べれば、昔の生活の変化はゆっくりだったろう。とはいえ、私たちは30万年間にわたってさまざまな道具を生み出し、そして生活を大きく変化させてきた。それにしては、ヒトの体の変化は少なすぎるのではないだろうか。

考えられる理由の一つは、道具が使いやすく作られているからだろう。たいていの道具は、可能なかぎり自然な動きや状態で使えるように、作られている。たとえば、槍はヒトが使いやすい長さや重さになっているし、パソコンのキーボードは指で無理なく叩ける大きさや押し具合になっている。つまり、私たちの延長された体は、生物学的な体を変化させなくても、そのままで使えるように設計されているということだ。

ヒトが出現してから約30万年が経つ。そのあいだにヒトは世界中に広がり、さまざまな環境でさまざまな生活をしてきた。それでも、ヒトの体の形はほとんど変化しなかった。将来どんな技術が開発されて、どのような変化が生活に起きるのかはわからない。しかし、これから開発される技術は、ますます私たちの体に合ったものである可能性が高い。もしそうであれば、将来の技術の発展によって、ヒトの体が大きく変化することは考えにくい。

未来のヒトの想像図として、頭が異常に大きく手足が細くなった姿が描かれることがある。知能が高くなったために脳が大きくなり、運動をしなくなったために手足が細くなると想像したのだろう。しかし、私たちヒトが出現してから、脳にも手足にも大きな変化があった証拠はない。いや、最近1万年に限っていえば、むしろ脳は少し小さくなった可能性がある。その理由はよくわからないけれど、べつに脳が小さくなること自体は不自然なことではない。

脳はエネルギーをたくさん使う器官である。ヒトの場合、脳は体重の約2パーセントを占めるだけだが、体全体で使うエネルギーの約20~25パーセントを使ってしまう。いわば脳は、燃費の悪い器官なのである。これだけ燃費の悪い脳を維持していくためには、カロリーの高い食物をたくさん食べなくてはならない。だから、もしも食糧事情が悪い環境であれば、脳は小さくなっても不思議ではない。

とはいえ、ここ1万年間で脳が小さくなった本当の理由はわからない。食糧事情とは関係ないかもしれない。文字が発明されたおかげで、脳の外に情報を出すことができるようになり、脳の中に記憶しなければならない量が減ったのかもしれない。数学のような論理が発展して、少ないステップで答えに辿り着けるようになり、脳の中の思考が節約できたのかもしれない。もしそうなら、将来、人工知能のような脳の働きを代替するテクノロジーが発展すれば、ヒトの脳はさらに小さく進化するかもしれない。

私は車を運転するので、以前はいろいろな道を覚えたものだった。道路地図の本を見たり、道端の目印を覚えたりしたこともあった。しかし、カーナビゲーションを車につけてからは、そういうこともしなくなった。そのため、明らかに頭を使うことが減った感じがする。

とはいえ、頭を使わなくなったために脳が小さくなったとしても、それはわずかな変化だろう。外見がまったく変わってしまうほどの大きな変化は、起こらないのではないだろうか。

不死が目標？

生命が地球に誕生してから、およそ40億年が経った。そのあいだ、生物は自然淘汰などのメカニズムによって進化してきた。しかし近年、まったく新しい進化のメカニズムが現れた。それはゲノム編集である。

ゲノム編集とは、生物の遺伝情報を人為的に改変する技術である。これまでにも遺伝情報、つまりＤＮＡを改変する技術はあったのだが、成功率が非常に低かった。１００万回に1回とか、そんなものだった。これでは、莫大な数の生物を使うことのできる実験にしか使えない。だから事実上、大腸菌のＤＮＡは改変できても、ヒトのＤＮＡは改変できなかったのである。

しかし、ゲノム編集技術の成功率は、１００パーセントに近い。とうとう私たちは、自らのＤＮＡを自由に改変する力を持ってしまった。つまり、人類の進化さえ操作できる、恐ろしい力を手にしてしまったことになる。

これからのヒトは、自然による進化よりも、人為的な進化によって、変化していくのだろうか。それが許されるかどうかは議論のあるところだが、少なくとも技術的には可能になりつつある。

この先、私たちヒトが、どのような未来へ向かっていくのかはわからない。しかし、2つの目標に向かって進んでいく可能性は高いと思う。1つ目の目標は長寿あるいは不死だ。もちろん、不死が実現可能な目標かどうかは、現時点では不明である。平均寿命を2倍に延ばすことすら不可能だという意見もある。医学は、私たちが早死にするのを防ぐだけで、自然な寿命を延ばしてはくれない、という意見だ。いっぽうで、老化は病気であり、適切な予防や治療をすれば寿命はいくらでも延ばせる、という意見もある。

いろいろな意見があり、実現可能性すら不明だとしても、寿命を延ばすこと、そして究極的には不死を目指した努力が続けられることは確実だろう。

子供がいない世界

仮に、こんな状況を考えてみよう。絶海の孤島に200人の人が住んでいる。島の中だけで自給自足の生活をしていて、外の世界とはまったく交流がない。島はそれほど大きくないので、現在住んでいる200人がちょうど限界である。

島の人は年頃になるとみんな結婚して、子供を2人ずつ作る。話を単純にするため、夫婦の年齢は互いに同じで、どの夫婦にも25歳になると双子が産まれるとしよう。そして、すべての人の寿命を50歳とする。

こうして島の人たちは、ずっと平和に暮らしていた。最初はどの家も両親と子供2人の4人家族だが、そのうち2人の子供は結婚して、親夫婦は2人の子供のうちの片方の夫婦と同居することになる。2人の子供のうち、一人は家に残り、もう一人は別の家に行って、お婿さんかお嫁さんになるわけだ。だから、家族の人数は、いつも4人である。子供夫婦が25歳になって双子の孫を産んだときに、ちょうど親夫婦は50歳になって亡くなってしまうので、家族が6人になることはない。そんな家が島には50軒あり、人口はいつも200人だった。

ところがある日、素晴らしいことが起きた。新しい医療技術が開発されて、島の人の寿命が2倍になったのだ。50歳ではなく100歳になったのである。

親は50歳で孫の顔を見ることができ、75歳でひ孫の顔も見ることができるようになった。そして玄孫《やしゃご》（ひ孫の子）が産まれたときに100歳で亡くなるのである。

その結果、家族の構成も変わった。今では四世帯が同居するのが慣習になり、どの家も8人家族になった。しかし、島で暮らせるのは200人が限界だ。そのため、島にある家は50軒から25軒に減ってしまった。

そんなある日、さらに素晴らしいことが起きた。島の人の寿命が100歳からさらに延びて、500歳になったのだ。

今では二十世帯が同居するのが慣習になり、どの家も40人家族になった。しかし、そのため、家はたった5軒に減ってしまった。

昔、人々の寿命が50年だったころは、島では毎年子供が4人産まれていた。そのため、小学生以下の子供が48人もいて、島は賑やかだった。だが、寿命が500歳に延びた今、子供は5年間に2人産まれるに過ぎない。それ以上子供が産まれると、島で暮らせる定員を超えてしまうからだ。小学生以下の子供も4～6人に減って、島はひっそりとしてしまった。

4人家族

8人家族

40人家族

そんなある日、ついに最高に素晴らしいことが起きた。島の人が不老不死になったのだ。ただ、そうなると、子供は1人も作れなくなった。すでに島には、定員の200人が住んでいるので、これ以上人口を増やすことはできないからだ。

それほど広い島ではないので、ほどなく全員が知り合いになった。もう新しい出会いは永遠にない。「ボーイ・ミーツ・ガール」という言葉には「新しい恋が始まる」といった意味もあるが、「ありふれた話」という意味もある。しかし、その不老不死の島では「ボーイ・ミーツ・ガール」は「ありふれた話」ではなく、決して起こることのない「夢の話」になってしまった。

不老不死の世界には、子供の笑い声や新しい恋は存在しない。それでも不老不死を望むかどうかは、人それぞれだろう。

虚構の意識

さきほど私は、ヒトは2つの目標に向かって進んでいく可能性が高いと思う、と述べた。1つ目の目標は不死であった。もう一つの目標は、不死に似ているけれど、少し違う。それは永遠の意識だ。

私たちは死にたくないと思う。でもそれは、正確に言えば、私たちの意識がなくならずに存在し続けて欲しいと願っているのだ。

じつは、私たちの体の一部は、毎日死んでいる。表皮の細胞は垢になって毎日剥がれ落ちていくし、小腸で栄養を吸収してくれる上皮細胞は数日で寿命がきて、体外へ排出される。でも、そういうことが気にならないのは、私たちの意識が存在し続けているからだ。

じつは、私たちの体の一部は、永遠に生きる可能性がある。卵や精子などの生殖細胞は次の世代へと受け継がれて、何千年も何万年も、いやもっと長い期間を生き続ける可能性もある。それでも「私は不死である」という実感がわかないのは、私たちの意識が長くても100年ぐらいで途切れてしまうからだ。つまり私たちが望んでいるのは、体や細胞の永遠性ではなくて、意識の永遠性なのだろう。

意識がどういうメカニズムで生じるのかを、私たちは知らない。しかし、意識が脳という物理的実体から生じている可能性は高い。そうであれば、物理的実体を改変することによって意識をコントロールすることも、原理的には可能なはずだ。

もしかしたら私たちは、体がなくても幸せになれるのかもしれない。寝ている間に夢をみるように、脳などの意識を生み出す物理的実体をコントロールするだけで、思い通りの人生を送れるのかもしれない。もちろん、そういう人生は、脳の中で作り出しただけの虚構だけれど、意識を持った本人にとっては、現実の体験となんら変わるところはない。それなら、虚構の人生を選択する人も現れるだろう。もしも虚構の人生の方が幸せな場合は、なおさらだ。

それはそれで素晴らしいことかもしれない。でも、あくまでそれは、脳に寿命がくるまでの話だ。物質としての脳に寿命がくれば、夢のような虚構の人生も消失してしまうだろう。

自分のコピーは作れても

こんなマンガがあった。主人公の小学生は、学校の宿題をするのがいやでたまらない。そこで、自分とまったく同じコピー人間を作った。そして、そのコピー人間に宿題をやらせようとしたのである。

その後、主人公とコピー人間がけんかをしたり、さらに別のコピー人間を作ったり、いろいろなことがあった。しかし、結局は、主人公の小学生が宿題をしなくてはならなかった。なぜなら、宿題をしないと困るのは、翌日実際に小学校に行く主人公の小学生だったからである。

もしも永遠の意識を持ちたいと思ったら、このマンガと同じ問題が起きる可能性がある。

これからどんどん技術が進歩すれば、もしかしたら意識を生み出すコンピューターが作られるかもしれない。場合によっては、ある人の脳とまったく同じもの、いわば脳のコピーも作られるかもしれない。しかし、永遠の意識を求める人が望んでいるのは、そういうものではない。たとえ自分とまったく同じ意識を作り出せても、そこに自分の意識という感覚、つまり自己主体感がなければ意味がないのである。

おそらく私たちの脳細胞には、寿命があるだろう。だから、そのままでは、物質としての脳と一緒に、意識も消滅してしまう。しかし、脳内のすべてのデータを、コンピューターなど別のシステムにコピーできれば、意識は消失を免れる可能性がある。とはいえ、その場合は、自己主体感は連続していないので保持されないだろう。たとえ自分の脳のデータがコピーされていても、そのシステムは他人として認識されるはずだ。

もしかしたら、脳細胞をほんの少しずつ他のシステムに置き換えていけば、自己主体感を連続させたまま、意識を永遠に継続させられるかもしれない。そんな夢みたいなことも、可能性としては、なくもない。しかし、意識というものが解明されていない現在、あまり細かいことを考えても仕方がないだろう。その辺りは、将来の課題としておこう。

仮に、自分と同じコピーを作ることはできるが、自己主体感を連続させることはできないとしよう。その場合は、ずっと昔から私たちは、それに近いことをしているのではないだろうか。それは、子供を作ることだ。

もちろん私たちは有性生殖をする種なので、自分のコピーの部分は、子供の体の半分だけだ。また、私たちの脳内のデータを子供の脳にコピーすることもできない。その代わり、私たちは子供にいろいろなことを教える。それがある程度は、データのコピーの代わりになっているだろう。

不死や永遠の意識が、人類の夢であることはまちがいない。しかし、それが実現できるか、もし実現した場合に人類はより幸福になるのか、それはまだわからない。ただ一つ確かなことは、地球上にゲノム編集という新たな進化のメカニズムが出現したということだ。

生物を環境に適応させる進化のメカニズムは、これまで自然淘汰しかなかった。およそ40億年にわたって、生物は自然淘汰によって、機能的な有機体に作り上げられてきた。しかし、ゲノム編集など新しい技術の出現によって、生物を人為的に、より機能的な有機体に作り変えられる可能性がでてきた。そして将来的には、生物は人為的な操作によって、もはや有機体ですら無くなるかもしれない。機械のような物質になるかもしれないし、もはや物質ですらないただの情報として存在するようになるかもしれない。

これから生物がどのような道を歩むにしても、現在の地球が進化の大きな転換点を迎えていることは確かなようである。

おわりに

私が子供のころは、家の水道からお湯は出なくて、水しか出なかった。だから、冬の朝に顔を洗うのは、とてもつらいことだった。私が小学生になると、家で湯沸かし器を買ったので、お湯で顔を洗えるようになった。ただ、その湯沸かし器は、流しの水道の上につけるタイプのもので、家の中でお湯が使えるのはその一ヵ所だけだったし、温度調節も大ざっぱにしかできなかった。現在の家では、複数の水道からお湯が出るし、細かい温度調節も可能である。きっと、こういうことを進歩というのだろう。

進歩という言葉の意味は、「物事が望ましい方向へ進んでいくこと」のようだ。「望ましい」という部分がわかりにくいが、おそらく私たち人間にとって「望ましい」ということだろう。寒い朝には、水で顔を洗うより、お湯で顔を洗うほうが「私たちにとって望ましい」ことなのである。

進化のおもなメカニズムは自然淘汰である。自然淘汰は、生物を環境に合わせるように作用するのであって、生物を進歩させるように作用するわけではない。しかし、最近になって、新しい進化のメカニズムが現れた。ゲノム編集などによる、生物の人為的改変である。

将来、人為的改変がどのくらい許可され、どのくらい行われるかはわからない。しかし、もし行われるとすれば、その目的は2つあると考えられる。一つは遺伝病などの治療で、もう一つは体の機能の改良だ。体の機能の改良は、おもに健康な人に対して行われることになるだろう。速く走れるようにしたり、記憶力をよくしたり、病気にかかりにくくしたりするわけだ。これらは「私たちにとって望ましい」ことである。

つまり、人為的改変は、私たちを進歩させるように作用する可能性が高い。それでは、人為的改変は歓迎されるべきなのだろうか。

私は「進歩」というものは、実際にはないと考えている。というか、「不完全な進歩」はあるけれど「完全な進歩」はないと考えている。なぜなら「一部の人にとって望ましい」ことは数え切れないくらいたくさんあるが、「すべての人にとって望ましい」ことはほとんどないからだ。不老不死の世界だって、すべての人が望ましいと思うわけではないだろう。たとえ老いて死ぬことが決まっていても、「ボーイ・ミーツ・ガール」や子供の笑い声がある世界のほうが望ましいと思う人はいるはずだ。

そういう危うい進歩に向かわざるを得ない人為的改変を、これからどの方向に導いていくか。それが未来の進化における最大の問題だろう。

最後になりましたが、多くの助言を下さったワニブックスの内田克弥氏、そのほか本書をよい方向に導いて下さった多くの方々、そして何よりも、この文章を読んで下さっている読者の方々に深く感謝いたします。

2021年3月

更科　功

未来の進化論
わたしたちはどこへいくのか

著者 更科 功

2021年4月25日 初版発行

更科功（さらしな いさお）
東京大学総合研究博物館研究事業協力者
明治大学・立教大学兼任講師

1961年、東京都生まれ。東京大学教養学部基礎科学科卒業後、民間企業を経て大学に戻り、東京大学大学院理学系研究科博士課程修了。専門は分子古生物学。『化石の分子生物学』（講談社現代新書）で、第29回講談社科学出版賞を受賞。主な著書に『爆発的進化論』（新潮新書）、『絶滅の人類史』（NHK出版新書）、『若い読者に贈る美しい生物学講義』（ダイヤモンド社）、などがある。

発行者 横内正昭
発行所 株式会社ワニブックス
〒150-8482
東京都渋谷区恵比寿4-4-9えびす大黒ビル
電話 03-5449-2711（代表）
03-5449-2734（編集部）

装丁 小口翔平／須貝美咲（tobufune）
フォーマット 橋田浩志（アティック）
イラスト 喜多啓介（SUGAR）
イラストディレクション 荒井敬（SUGAR）
写真 アフロ
校正 玄冬書林
編集 内田克弥（ワニブックス）

印刷所 凸版印刷株式会社
DTP 株式会社 三協美術
製本所 ナショナル製本

ISBN 978-4-8470-6654-2
ワニブックスHP http://www.wani.co.jp/
WANI BOOKOUT http://www.wanibookout.com/
WANI BOOKS NewsCrunch https://wanibooks-newscrunch.com/